地盤災害の真因

野尻明美
Akemi Nozili

鹿島出版会

地盤災害の真因

文・画　工学博士　野尻 明美

序

最近は、地震や地学関連の事故が多発しているのに地震予測はまったく的外れ、唯一地震発生の予知が可能であるとして、約四〇年間国家プロジェクトとして巨費を投入し、調査研究を続けてきた「南海トラフ地震」は、結局予知することができないことになりました。そして、「巨大地震がいつ来ても大丈夫なように備えだけは怠りなく」と言い残し、地震予知学は敗北宣言をしたのです。また、立川《たちかわ》断層など影も形もないのに「活断層が動いて起きる直下型地震で『長周期パルス』が発生し、超高層マンションは倒壊、免震制震構造の建物でさえ倒壊の危険があります」などと言い続けている研究者にはあきれてしまいます。

液状化は免疫性があるので、再液状は起きるはずはないと言われていましたが、東日本大震災では各地で、しかも砂地盤ではない粘性土地盤でも液状化現象が発生し、大きな被害となっています。

基本的には、地震や液状化現象発生のメカニズムの誤解から発生している問題であるのでしょうが、地震学者や地盤工学者には反省はないようです。

今の教育は、その独創性を摘み取ってしまう教育ばかりやっているように思えます。口では独創性が大切であると言いながら、無駄なことや役に立たないことに時間を使わないよう教育しているだけではないでしょうか。とくに大切な子供のときの教育は、皆同じ答えでないとならないし、かけっこもレベルを合わせて一等もビリもないようにしているようです。算数の解答も同じプロセスでないとバツになります。野原を駆け回ってケガをしたり、蛇にかまれたり……、あれもダメこれもダメと、してはいけないことばかりです。その結果、電車に乗っても一斉にスマホでゲームばかりやって、玉石混交とはなっておりません。子供のころは大人が見て無駄なことや役に立たないことをやるのが独創性を育てる糧となることを知らない世代が親になっているからでしょうか。

元来、生業が研究職であり、他人の言うことを聞いていたら研究などできるわけがありません。研究とか開発は他人の成果を踏み台にして、そこから先を独創的、創造的に発想してまとめ上げるものです。独創とはいつでも最初は一人です。でも言い続けることで、正論であれば賛同者が増えてきて一般論になり普及し、世の中のために役に立つことになります。「第7話 回顧 紫綬褒章受章技術」で書いたように、独創的な安全掘削工法の設計法・施工法・安全管理法をセットで開発しましたが、最初は保守的な先輩学者からひどいいじめにあって何度も挫折しかけました。しかし、下請けの業者や作業員の理解からその合理性が認められ、今では法律にも採用され、掘削工事からの事故を絶滅しました。

六〇歳の定年までのうち、五〇歳までは主に土質基礎の研究に集中し、「山留架構の構造計算法に関する研究 ―仮想支点法の提案と実工事での検証―」という論文で工学博士（東北大学）

の学位を取り、公益社団法人発明協会より発明奨励賞、永久アンカー工法の発明で（株）リコーより産業の部貢献賞、発明功労者市村賞、五〇歳で根切山留工事の安全管理装置の開発・普及で科学技術庁長官賞、平成一一年春六〇歳で根切山留工事から事故を絶滅した実績を評価され紫綬褒章を受章しました。

定年後は、土木設計エンジニアリング会社へ顧問として拾ってもらいましたが特にやることは無く、老人ばかり三名顧問室で囲碁の本を読んだり、遺産相続の研究をしたり、居眠りしたりで暇つぶしの毎日でした。その年の暮れの御用納めの二八日、家に帰っても大掃除の手伝いが待っているので、三名そろって来年から何か始めようと相談し、渋谷のデパートで「水筆ペンセット」を四八〇〇円で購入しました。

これが定年後人生の転機となりました。正月休み明けから会社の昼休みをつかって初めてのスケッチです。最初は楽しかったけれども、だんだんと今日は寒いから、風が吹いてきたので、昨日帰りが遅かったので……、いろいろと言い訳をしながらスケッチをさぼり始めました。「六三歳の手習い」でスケッチに芸術性を持たせるべく、先生について習うべきか、それともぬれ落ち葉対策としての暇つぶしのお絵かきでいいのかを考え、参考書をたくさん読んでみました。そのうちの平山郁夫が書いたもの（平山郁夫『私のスケッチ技法』実業之日本社）に「先生について習うと、その先生よりは上手くなれない。一を聞いて十を知るように。自分の工夫で描くように。テーマを決めてそれに沿うように。原画は売らないこと。……」など、地盤工学研究者のスケッチ界への登龍としては示唆に富む内容が書かれていました。これを知ってやる気が起き、以後は朝から晩までスケッチ漬けの人生です。一五年経った今でもすべてのスケッチは水筆ペンの作品です。画用紙はA４判とほぼ同じサイズのF３サイズとはがきサイズばかりではありますが、八〇〇〇枚を超えました。

スケッチなどその成果物は、インターネットでも単行本でも調べれば腐るほど大量に出てきます。その中から自分の先生になりそうなスケッチを見つけ、それがどのような構図でどのような技法で描かれたものかを分析し、しばらくは練習で模写などをやってみました。半年もやると大体自分のスタイルがまとまってきました。すなわち、誰にも習わず他人のいいとこどりの無手勝流で始め、今も同じ無手勝流の改良途上です。

旅行でもハイキングでも散歩でも、夏でも冬でも、雨が降っていても風が吹いていても、暗い洞窟でも、いわばいつでもどこでも何でもかんでもスケッチできるような技法で、粗製乱造のそしりを受けながらも、無手勝流スケッチ技法をブラッシュアップしています。いずれにしても、無手勝流の完成は時間がかかります。構図にしても、絵の具や筆にしても、画用紙の種類でも、全部試行錯誤で改善改良の連続です。無手勝流での上達は遅々として進みませんが、まさに生業としていた研究職がもつ独特の独創性が発揮できるので、自分には合っているようです。年金生活の中での趣味を長続きさせるには、健康的で経費がかからないことが肝要です。

筆は水筆ペン、画用紙は半製品のF３サイズ（表紙が無く綴じていないもの）をモティーフに合わせて、縦でも横でも自在に伸ばして使います。足は徒歩や自転車が中心で、車はできるだけ使いません。現場では鉛筆デッサンまでで、後は写真に写して持ち帰ります。もちろん時間があれば最後まで仕上げますが。

大半はデッサンのみでやめておきます。テーマは自分が生業としていた分野を中心として事故が多発している地学、地震学、建築、土木関連の現状の把握などをスケッチのモティーフとして選び、これをまとめて自由研究のテーマとすることで、定年後の有り余る暇つぶし材料としております。この技法を使って、インターネットなどで公開されている立川断層や地震発生のメカニズムなど、とても絵にならない研究資料を分かりやすく咀嚼するためにスケッチの表現力を活かすべく工夫して描いています。芸術的に人物や静物や風景や建物などを描いていても、とてもとても画家のように上手く表現できないし、写真のような精緻なものを描くこともできないので避けています。

しかし、例えばこの崖が断層か段丘かの違いを表現するためには、崖ができる成因の風景を描かないと合理的に説明できません。活断層が割れて地震を起こすのか、地震によって動かされるのかを区別するためにも、地盤の中まで見通せるような技法でスケッチを描かないと合理的に納得されません。目に見えない地面の中まで描くことになると、とても写真では写せません。

山へグループでハイキングに出かけてもスケッチはかなり速いスピードで描かないと、集団行動を乱すことになり、予定時間を超えると遭難の危険性も出てきます。そんなときでも超高速スケッチの技法を使って、たとえ五分間の立ち休みの間でも描かないとならないモティーフがあると、逃したら二度とは来られないので数本でも鉛筆の線を残します。ほとんどは見晴しのいい山頂で昼食となり、休憩時間でとなりますが、山頂は地学的にモティーフの宝庫です。富士山など写真では写りませんが、ちょっとでも見えるとスケッチではちゃんと晴れた空の下で描くことができます。おにぎりは大きめのにぎり寿司程度に握ってもらい、一口にほおばりながら立ち食いスケッチで仕上げてゆく。山岳写真でよく見る山並みは何気なく美しい写真ではありますが、プレートの上に載っている付加体が次々と剥がされ押し上げられて造られたスラストなのか、風化によって削り取られてできたものなのか、などを想像しながら描くスケッチも面白いものです。

滝や洞窟なども断層からの贈り物である場合が多く、横にずれたのか、縦にずれて持ち上げられたのか、ずり落ちたのかなどその成因を想像しながら描くと、ただ美しい景色として芸術的に捉えるのではなく、下手でもいいから意味を込めて技術的に描くことが断層研究には役に立ちます。

電信柱やごみ箱やら看板など、地学や地震学には関係のないものはかってにはずして描くし、ブルーシートに隠されているものでさえ、それをはがして中を覗きスケッチに描きこむことなどもできます。そうなると無手勝流スケッチは、写真機より性能は良いものになります。

このような無手勝流スケッチの表現力で、今まで誰も気が付かなかった地象の不思議を見つけ「地震発生のメカニズム」や「立川断層 本当にあるのか?」や「小河内《おごうち》ダムは本当に安全か?」あるいは「再液状化の危険性」「広島土砂災害は土砂ダムで防げるのか」などの地盤災害の主因の究明のヒントを得ました。

今、提案している地盤災害に関する諸問題の解決策は、実事象に基づいて発想した独創的な主張であるので、紫綬褒章技術である安全掘削工法の開発の経緯と同じで、村社会や先輩学者の厚い壁に阻まれてつぶされかけています。

しかし、いずれのテーマも肉眼的観察力や常識的な物理現象の理解に乏しい村社会の若い研究者が、巨額の税金を使って間違っていると思われる保守的先輩学者の出した結論を、行政に反映させ続けていることを黙って見過ごすことができません。コペルニクスの地動説のように、自分が生きている間には難しいかもしれませんが真理は一つです。間違いを正したく、ただの「老人のたわごと」とさげすまれないよう、老骨に鞭打って頑張って筆を執ったものです。

地盤災害の真因　目次

序……iii
第1話　地震発生のメカニズムの誤解……1
第2話　立川《たちかわ》断層　本当にあるのか？……39
第3話　小河内《おごうち》ダムの安全性は？……77
第4話　巨樹の立ち枯れの真因……127
第5話　液状化発生のメカニズムの誤解……139
第6話　広島土砂災害の真因……169
第7話　回顧　紫綬褒章受章技術……181
結び……199
著者略歴……209

第1話

地震発生のメカニズムの誤解

巨大地震発生メカニズムの誤解

熊本地震が起きてちょうど一年が経った二〇一七年四月、新たに三名のみなし住宅での孤独死が報道されていました。

棚から物が落ちて、墓石が倒れて、家がつぶされて……。実は、活断層が動いて地震が起きるのではありません。地震が起きて活断層は動かされ、棚から物が落ちて、墓石が倒れて、家はつぶされるのです。

直下型も海溝型も地中の火山爆発です。ドンと突き上げるような揺れを感じることがあるでしょう。これは、爆発が深すぎて地表面を吹き飛ばせないけれども、地面を揺らすことはできるためです。これが地震です。岩でできている活断層やプレートは、圧縮されてもその隙間が縮まるだけです。ひずみなど溜まるはずはありません。

この話ははるか一〇〇年も前に、日本人初のノーベル賞受賞者である湯川秀樹博士の実親である京都大学教授の小川琢治博士によって提唱されていました。しかし、敗戦後アメリカから例のプレートテクトニクス理論が紹介され、鉄板のようなプレートが動くことで、日本列島が大陸から引きちぎられて誕生し、ヒマラヤ山脈もにょきにょきと八〇〇〇メートルにも持ち上げられ、大地が割れ、地震が起きることにされてしまいました。

地球の内部の状態が徐々にわかってくると、海のプレートが陸のプレートの下に潜り込んで陸のプレートにひずみが溜まり、限界を超えると摩擦が切れて飛び上がり、地震を起こし津波が起きます。陸の場合は、付加体といわれるプレートの上に載っている岩がプレートで圧縮され、ひずみが起き限界に達すると割れます。これが活断層で繰り返し起きるとのことです。

しかし、海のプレートが沈み込んで、陸のプレートにひずみが溜まるはずはありませんが、溜まったと考えても一度切れたら二度と切れるはずはありません。すなわち、余震は起きるはずはないのです。しかし、実際起きている一年も二年も続く余震など、どのように説明するのでしょうか？　誰も疑問に思わないのでしょうか？

陸のプレートに溜まったひずみが海のプレートとの摩擦が切れて飛び上がるといわれていますが、飛び上がった裏には

図１　地震被害を受けた熊本城本丸　天守閣（2017年４月）

何は入ってくるのでしょうか？　まさか海水ではないでしょうし、マントルでもないはずです。

マントルはどろどろと溶けている岩ですが瞬間的には固体と同じ性質を持っています。したがって、瞬間的に飛び上がった陸のプレートの裏の空間を補填できるものではないはずです。では何が補填されるのでしょうか？　この疑問にも答えられる人はおりません。この仮定が根本的に間違っているからです。

以降、熊本地震発生のメカニズムについては省略し、詳細は後述します。以上をダイレクトメールで直接、熊本県知事、市長、各自治体の長へ送り届けたところ、熊本県知事から「庁内で共有したい」と感謝のメールが返信されました。

この定説となっている地震発生メカニズムに対して、後述する小川博士論をセカンドオピニオンとしてでも聞いてくれればと思い、自分のブログで二〇一六年四月一六日より五〇回にわたって連載しましたがレスポンスは今一つでした。新聞雑誌に投稿しても採用されません。

東日本大震災での太平洋プレートの沈み込みにより、蓄積されたひずみが限界に達して跳ね上げられた陸のプレートは、なんと東西二〇〇キロメートル、南北五五〇キロメートル、厚さ六〇キロメートルのものが一気に飛び跳ねたとのことです。本当でしょうか？　誰も見たことがないので、地震学者がいうとおり信じるほかはありません。この重さは略算でも数京（数万兆）トンとなり、想像もつかない重さのプレートを瞬間的に五メートルも跳ね上げ、一〇メートルも東側へ移動することで地震を起こし、発生した津波で東日本の海岸を総なめしたとのことです。いくらなんでもそんなはずはないと思います。

プレートは、鉄板やプラスティックの板のように均質な弾性体ではなく、岩でできているはずです。まさかその岩は、厚さ数十キロ、幅数百キロ、長さ数千キロの一枚岩ではなく、数キロもある大きな岩と岩の間に、小さな岩や小砂利などが詰まり、さらにその隙間には粘土や水のような液体で満たされた状態となっていると想像しています。

東日本大震災では東京でもかなりの被害が出ました。しかも地震の揺れの長さが三分ほど続き、これまで経験したことがないほどの長い地震であることは、皆まだ覚えていることでしょう。震源に近い仙台でも二分以上地震を感じており、図2の赤線の地震波形を見ると、素人目には三カ所の地震ですが、専門家には四カ所での地震が二分間の中で発生したとのことです。このような巨大地震でも地震の揺れでの直接被害は意外に小さく、倒壊した橋梁や建物などの建造物はほとんどありません。被害のほとんどが津波によるものでした。ではあの数京トンもの巨大プレートが飛び上がって起きた地震によって、どうして構造物に目立った被害が出なかったのでしょうか？　もし、本当に巨大プレートが飛び上がって起きた地震なら、すぐ近い福島原発などは第一、第二はもとより、東海も全部やられてしまったのではないかと思います。日本中いや世界中が放射能汚染で住めなくなると思います。もちろん仙台なども全滅のはずです。一九六〇年のチリ地震では三陸に大きな津波被害が出ましたが、今回はチリへ津波が行くはずなのにまったく到達しておりません。不思議ではないでしょうか？

その原因は、根本的な地震発生のメカニズムの誤解からです。マグニチュード九・〇の巨大エネルギーが数京トンもある巨大プレートの飛び跳ねに使われて、日本列島への地震エネルギーを吸収したと考えると合理的に納得できます。その結果、東日本では未曽有の津波と液状化被害となりましたが直接構造物への影響は軽微となったのではないでしょうか。しかし、残念ながらこれを裏付けるためのスーパーコンピュータを持ち合わせておらず、計算法もわからない素人にはこれ以上前に進めません。

世界の屋根といわれ、八〇〇〇メートル級のヒマラヤ山脈の北側でも、ときどき大地震が起きています。そのうちの一つ唐山《とうざん》地震は海のない標高三〇〇〇メートル級の高地で八〇〇〇キロの長さの活断層が切れることで発生したといわれていますが、海がないので海溝型ではなく直

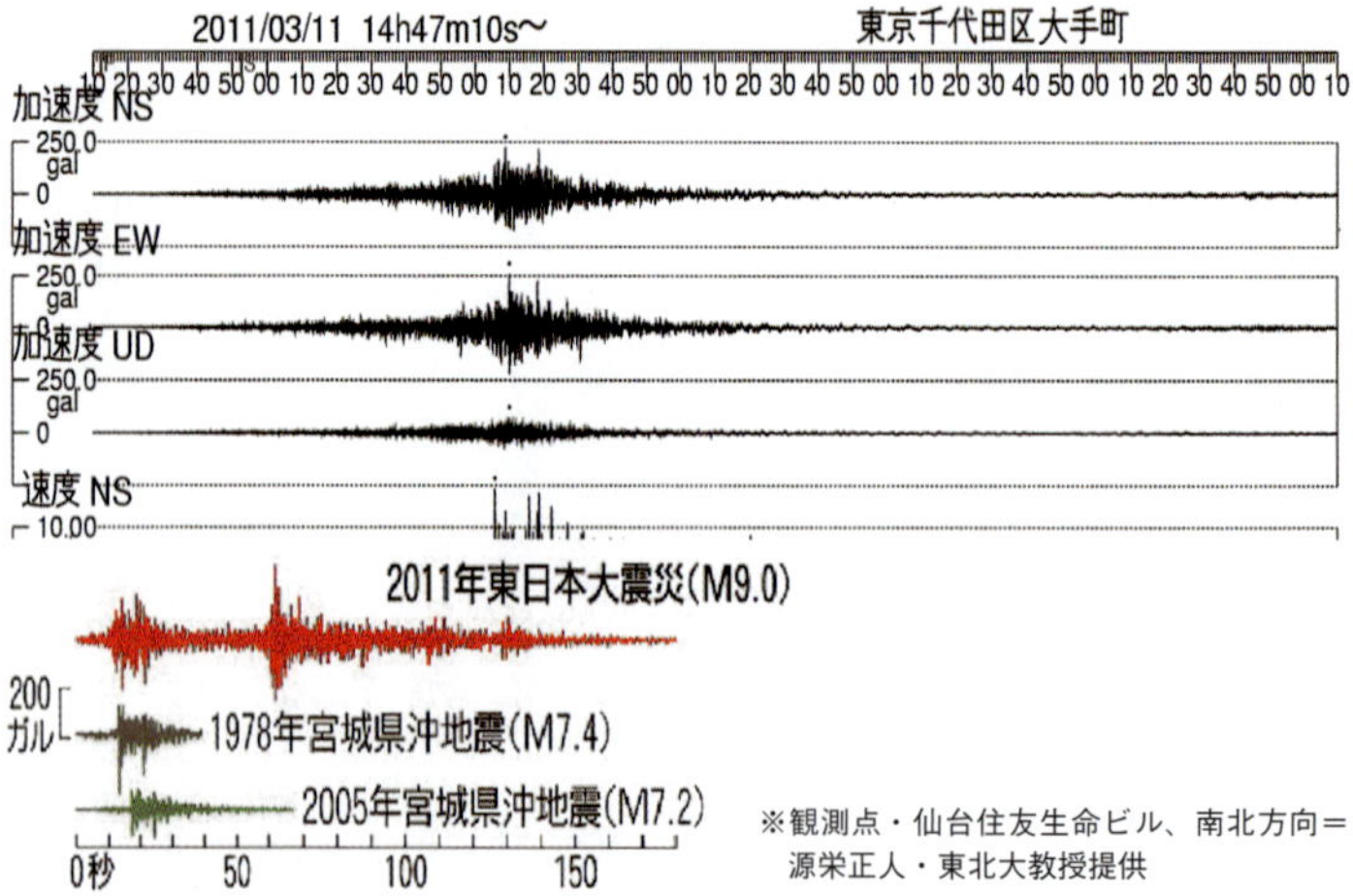

※観測点・仙台住友生命ビル、南北方向＝源栄正人・東北大教授提供

図２　日本大震災と過去の宮城県沖地震の波形比較

下型であるとのことです。

六〇万から八〇万人の死者が出たこの唐山地震では、付加体の岩が八〇〇キロの長さにわたって瞬間的に切れたとのことですが、そんなバカでかい付加体の一枚岩などあるはずもなく、瞬間的に八〇〇キロも切れるなど想像もできません。厚さが数十キロから百数十キロもあるプレートの上には、海中でプランクトンなどの死骸の堆積物である石灰岩を主体にした付加体といわれるものが乗っています。これがインド半島を載せて大陸に向かって移動することで、付加体はプレートからはがされ、陸のプレートにぶつかりながら押し上げられ、陸地となりヒマラヤとなって浸食を受けてゆくという生成過程を考えても、常識外れの大きさとなります。

二〇一七年八月の中国四川省の九塞溝《きゅうさいこう》地震でも、レンガ造りで地震に対し強い構造物である基礎部分のコーナーだけが飛び出して壊れているところがテレビで映し出されていました。それを見る限り、これは熊本地震と同じように浅いところに震源を持つ地震であり、地震学者のいう活断層が動いて起きた直下型地震であるとの説明はとても納得するわけにはいきません。

コンクリートでも岩でも硬い大きなものが割れるときには、破壊応力に達したところから徐々に割れてゆく進行性破壊という現象が起きるので、地震であろうがなんであろうが瞬間的に五〇〇キロ×二〇〇キロのプレートが破断するわけはないと思います。こんなに大きいものなら、数週間以上かかってバキバキバキバキと割れていくはずで、瞬間的な破壊など起きるはずはないのです。

関東大震災は、その震源は駿河湾沖といわれていますが、海溝型で跳ね上げられた陸のプレートは富士箱根付近から千葉県の房総半島付近までであるとのことです。震源位置とプレートの跳ね上がる位置とはなぜ違うのでしょうか？　それとも駿河湾から房総半島まで断層面が続いていると主張するのでしょうか？

東日本大震災も震源は金華山《きんかさん》沖と福島沖まで四カ所で、ほぼ同時は発生したとの説もあります。震源は四点、プレートは一面。金華山沖から福島県沖まで幅二〇〇キロ、長さ約五五〇キロの断層面が存在すると主張しているのでしょうか？

関西の阪神淡路大震災も同じです。震源は大阪湾で深さ一六キロの点、動いた淡路島の北にある活断層は野島《のじま》断層という面とのことです。熊本地震の震源は四〇〇〇回にも及ぶ余震を含めてすべて深さ一〇キロの点、地震を起こしたといわれている日奈久《ひなぐ》活断層と布田川《ふたがわ》断層は面とのことです。何でこのような食い違いがあるのでしょうか？

その詳細は拙著、とうきゅう環境財団、二〇一五年度助成金研究「淡彩スケッチで表現する多摩《たま》川流域の地質地形遺産とその発表方法―立川《たちかわ》断層　本当にあるのか？―」で概説しています。多摩地域住民に恐怖心を与えていた立川活断層は、多摩川ほかの河川が造った河岸段丘であると結論しました。立川活断層は地震を起こす活断層であると主張していた東大震研某教授は二〇一五年五月になって誤りを認め、この研究の結論の通り河岸段丘であり地震の危険性はないと一八〇度その主張を変えてきました。

プレートのひずみ測定は不可能

文科省の主管する地震調査研究推進本部が毎年更新している図3の地震予測のハザードマップには、これまでの地震発生の歴史や活断層の分布や活動の詳細な測定、GPSによる位置情報、大量のボーリング調査や土質試験のほか、過去の地震観測での震動計測あるいは弾性波探査など、ありとあらゆる情報をスーパーコンピュータによるメガデータ解析を行って、前年との違いなども解析し、五〇メートルメッシュで地震の危険性の予測を出しているものです。これに対して東大震研のゲラー教授は、英国の科学雑誌「ネイチャー」で日本の地震予測を三〇年間一つも当たっていないと批判しています。

根本的な地震発生のメカニズムの誤りに気が付かないのでしょうか? しかも、この予測による安全地帯には、建築基準法によって構造物の設計入力値である横方向力の低減を認めています。熊本地方は地震の安全地帯であり、他のところに比べて二〇％減少してよいことになっています。鳥取地方も同様に一〇％低減されているのに今回の大震災となり、国宝熊本城まで大被害を受けています。

地震学者や文科省には反省はないのでしょうか? 国交省では建築基準法の見直しなどしないのでしょうか?

この範囲は，地表面の位置測定で移動量を測り、ひずみを計算して地震発生の危険度を予測しているようですが、移動量とひずみ度とはまるでその単位が違うし、重さを物差しで測って

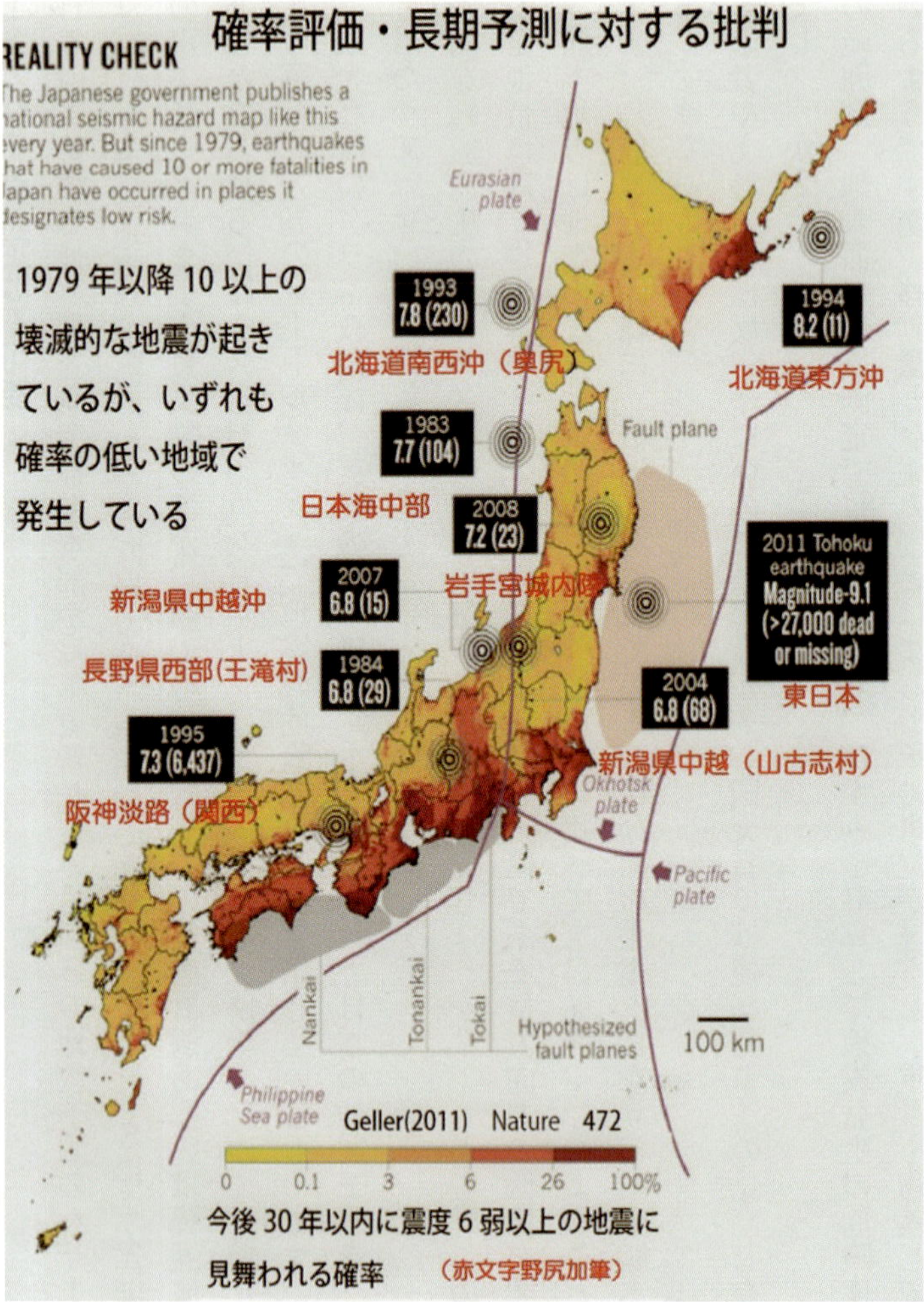

赤いところが地震に対して期間地域。黄色いところが安全地域　のはずが真逆！

図３　確率評価・長期予測に対する批判（東大震研　ゲラー）

いるようなことをやって、これをスーパーコンピュータで解析することで衒学的な脅し材料としているように思えます。プレートが岩の集合体の塑性体でできており、ホモジニアスな弾性体ではないと思います。すなわち、地表面での測定での移動量が、地中深いところのプレートのひずみの蓄積とは、何ら関係などあるはずはないのです。巨費を投入して船まで造り、海底地盤の移動量やらプレートの境界の地質を調べるべくボーリングをしたりしているようですが、本当に地震発生のメカニズムの誤解はないのでしょうか？　税金を大量に投入していることで、その成果物として善良なる国民を脅さないと申し訳ないとでも思っているのでしょうか、首都圏には三〇年間に八〇％の確率で、明日にでも巨大地震が来るぞ、避難訓練や非常食やら飲料水は大丈夫か、耐震補強の準備をしなさい、と。

例えば、まったく予測していなかった東日本大地震によって、東日本では今後は地震発生の危険性がかなり低下したとのことで、今後三〇年間に発生する震度五以上の地震発生確率は、〇・一％以下となっています。しかし、七年経った今も震度五を福島県で記録しています。これが東日本大震災の余震であると片付けられていますが、本当にそうでしょうか？　東日本大震災の震源は金華山沖一二〇キロの深度七〇キロ位置で発生したことになっており、福島県沖の地震はそのときの余震であるといわれていましが、福島県沖はこれまで繰り返し同程度の余震が起きており、海のプレートの沈み込みによる陸のプレートの跳ね上がりにより発生する地震であるとの説明には到底納得するわけにはいきません。ましてコンマ以下の数字がどれほどの根拠があり、意味があるのでしょうか？

摩擦が切れてひずみが開放され地震を起こすのであれば、そのずれたプレート間の境界は幅・長さともに数十キロにわたってどろどろの粘土のような粘性体か、ごろごろした小砂利か、鏡のようにピカピカに光る鏡面でできており、同じ境界面は摩擦抵抗を失って、永久にひずみをためることはできないはずです。地震学者はこの現象に対して納得できる説明が必要ですが、できるはずはありません。それを是認すると彼らが想定している地震発生のメカニズムが違ってしまうからでしょう。

このどろどろ粘性体か、ごろごろ小砂利か、ピカピカに光る境界面ではなく、ゴツゴツした摩擦面を見つけるために特殊な調査船を造り、外国人の特殊技術者を大量に雇って日本海溝付近のボーリング調査をやっているようですが、見つかるはずはないと思います。ないのだから！　こんなところに大量の税金をつぎ込むことなど許されていいのでしょうか。東南海地震はデータは隠されていますが、既に昭和一九年一一月、終戦の直前に起きており、終戦直後の昭和二一年一二月にも東海地震が起きています。いずれも海溝型であり、今連動して起きるであろうと大騒ぎしている東海東南海地震です。しかし、もしプレート間の摩擦が切れて地震を起こすのなら、一〇キロ以上の厚さのある境界面ではすでに滑り面となっており、摩擦がなくひずみは溜まるはずはないので地震は起きないのではないでしょうか。まして、爪が伸びるほどのスピードではひずみなど消散してしまうのではないでしょうか？　しかし、地震は同じところで繰り返すことが歴史的にもわかっています。また、地盤のような塑性体にはクリープ現象という特性もあります。これはゆっくりとした力に対して変形だけが進んでいくもので、粘土の圧密現象のようなものです。プレートも塑性体とすると、このクリープ現象も起きて、GPS測定結果、変形は進んでもひずみは増加しないことになります。すなわち、摩擦が切れて跳ね上がり、地震となるという仮説は間違っていると思います。

　政府の地震調査研究会が「地震が来るぞ！」と言い続けている地点は、先の地図のように東南海南海地震が連動するといわれている南海トラフでの海溝型と、フォッサマグナの西端である糸静構造線の直下型地震が中心です。その北端である糸魚川《いといがわ》では、スケッチのようにプレート間の断層はピンク色に粘土化して一部流れ出

ユーラシアプレート - 北米プレートの境界はドロドロと粘性土化した滑り面

図4　糸魚川のフォッサマグナの北端

しています（図４）。また最近静岡大学北村晃寿教授によって発見された南端の静岡市清水区でも同じように粘土化しており、触るとグニュグニュしているとのことです（図５）。

　こんなところに「摩擦によるひずみが溜まり震度六以上の直下型の地震が今後三〇年間に七〇％の確率で起きる」のでしょうか。結局これもはずれでしょう（地震が起きたとしてもひずみが溜まることが主因ではありません）。

触るとグニュグニュしているとのこと。
図５　静岡市清水区で静岡大学北村教授によって発見されたフォッサマグナの南端

　東日本大震災の場合、震源といわれている金華山沖とは四〇〇キロも離れている福島県沖にも震源を持つ地震が発生しているとのことですが、これを余震というのでしょうか？　福島県沖の地震の発生が長さ五五〇キロの陸のプレートの跳ね上がり全域が震源域とするという説明では納得するわけにはいきません。福島県沖には深さ一〇キロ付近に旧海底ガス田があり、ガスを抜いた跡に地球温暖化防止のための二酸化炭素を注入して埋設する実験施設があるとのことです。この二酸化炭素が熱解離結合による爆発爆縮が地震を起こしているとの意見が、石田地震研究所の石田昭博士からの提案ですが、これを否定するのでしょうか？　また否定するのであればその根拠を示してほしいものです。

先の唐山地震は直下型で活断層が切れて起こした巨大地震であるとのことですが、これも本当でしょうか？　とにかく八〇〇キロの長さの岩が真二つに割れて、地震を起こしたとの話は到底納得できません。東京から下関までが直線で八〇〇キロ。行ったことはないですが、こんな岩がヒマラヤにもあるわけはないでしょう。しかも、東大震研の某教授によると地表に現れる岩体はその一〇分の一以下の氷山の一角とのことでした。ということは八〇〇〇キロものホモジニアスな岩山が二つに割れることになりますが、まったく常識的には想像もつきません。地球の半径はおよそ六〇〇〇キロです。

巨岩で有名な和歌山県の古座川《こざがわ》の一枚岩は一～二キロ、オーストラリアの平原にあるエアーズロックでさえ周囲約一〇キロであり、アメリカネバタ州やヨーロッパアルプスにある花崗岩も有名ですがそれでも一〇キロはないと思います。ヒマラヤ山脈など映像で見る限り、グチャグチャになっており、激しい圧力を受けて風化が進んでいることとわかります。

活断層の誤解

明治二四（一八九一）年一〇月二八日の濃尾地震は、日本では最大の直下型地震といわれ、世界的に有名な根尾谷《ねおだに》断層の六メートルの隆起と八メートルの横ずれ断層ができて、現在は地震記念館がその上に建っており、深いピットで活断層の実際を見ることができます。それを見ると直下型の地震の恐ろしさが実感できますし、すぐ横には振動台で濃尾地震の波形での強震動を体験することもできます。しかし、先に述べた湯川秀樹博士の実親、小川博士の著書によると、この断層が隆起したのは地震の翌朝であり、農家が自分の畑が地震当日は何事もなかったが、朝がきて見たら約六メートルの段差が付いた崖地となっているのに驚いたという記述があります。また、ほかにも近くの農家の人は、地震の後畑に出ると、むくむくと地面が持ちあがるのを確認している、とも述べられています（図6）。

これらの有名な記述について、まさか今の地震学者はこれを読んでいないことはないでしょう。しかし無視しているようです。これを認めると自分たちの論理が破たんするからです。

建物の外にも断層での崖が続いているが、この断層は地震の翌日じわじわと隆起した。

図6　濃尾地震での根尾谷断層記念館

すなわち、直下型といわれる活断層が切れて地震を起こすという仮定は、明らかに間違っています。地震が起きて活断層といわれている断層がひび割れ、段差や亀裂が起きることで地震のエネルギーを吸収しているのではないかと思います。地震学者が活断層と分類している断層は、地震によって動きやすい場所にある断層であると思います。

しかも、科技庁発行の「地震発生のメカニズム読本」によると、この活断層は震源から地表面までつながっており地中には撓曲面があるとのことですが、これも納得できません。

もし本当なら、直下型の阪神淡路大震災では大阪湾に震源があり、活断層は淡路島の西側にある野島断層であり、そこまで一枚岩でつながっており、これが割れて地震を起こしたことになるはずですが、そんなことがあるはずはありません。事実、元通産省地質調査所の服部博士は『活断層の誤解』（創栄出版）で書いていますが、野島断層の亀裂に沿って農家の庭にある掘り抜き井戸を発見。井戸側といわれる地表近くは断層の動きで完全に破壊されてはいましたが二メートルも掘るとしっかり掘りぬかれた地山の粘土が現れ、地震動での破壊もなくまだそのまま使っています。この事実をどのように説明するのでしょうか？

野島断層の反対側は、淡路島が淡路大橋で本土とつながった記念に土取り場跡の広大な敷地で都市博が予定されていました。地表面を関西空港建設のための土取り場となることで大規模掘削が行われ、さらに淡路大橋工事でその基盤となる花崗岩にはアンカーがセットされ大きな引っ張り力も働いていました。ここに阪神淡路の直下型地震が発生し、都市博予定の会場敷地の境界付近、特に山に並行してクラックが発生しました。これを見た地震学者はこれまた活断層であると、あらたに鵜島活断層と名付けました。活断層が走るところに永久構造物となる都市博ができたら、また地震が起きて大きな被害が発生するとの地震学者のアドバイスを受けて都市博は急遽中止となり会場は花の博覧会の会場に変更され、仮設使用で盛大に世界中の花の展覧会場となったとのことです。

野島断層といわれているところも神戸のポートアイランドや空港を造成するための大規模土取り場となっており、大きな山が全部削り取られ、平らな農地に改良されました。その山の地主が河野さんといい、現在は阪神淡路地震記念館メモリアルホールとなっています。活断層で大きな被害を受けた豪邸は、無残に半分崩れ去り、そのまま記念館として残されています。毎年一月一五日の早朝の寒い時間に追悼の記念行事が行われ、活断層が動いて起きる直下型地震の恐ろしさを体験できるようになっています。

この地震記念館にも大きなピットがあり、掘り取られ斧で半分に切れたような段差がはっきりと見ることができます。すぐ横には液状化被害も起きた痕跡がありますが、ここは砂地盤ではありませんが液状が起きることを実証しています（その詳細は後述する「第5話　液状化発生のメカニズムの誤解」参照）。

この野島断層を地震記念館のピットで見てみると、スケッチのように断層で切れて阪神淡路地震が起き段差ができたとはとても想像できません（図7）。確かに地表面の段差は二〇～四〇

断層面の左右の岩の色が違っているのは、阪神淡路地震のはるか前よりこの断層は存在していた証拠。

図７　阪神淡路大震災の震災記念館での野島断層

センチほどついてはいますが、活断層が割れて地震を起こしたという説明にはまったく納得できません。もとから二枚の岩であり、左側は茶色、右側は青色軟岩ですべり面には焦げ茶色に変色した鉄分のさび状態のものが挟まっており、今回の地震で現れた活断層であるとの説明は到底納得できません！

もともと一枚の大きな岩が動いて割れて活断層となり、地震を起こすと説明されていますが、左右が違う岩種であるということは地震が起きる前から寄り添っていたもので、その間は断層でもともとクラックがあり、地下水が浸透することで鉄分が沈積し錆となって固着していると考えないと説明がつきません。すなわち野島断層が割れて地震を起こしたという説明ははっきり間違いであることがわかります。

と同時に、ポートアイランド造成のための土取り場であったことで大きな山が削り取られ、岩盤内部には上向きの大きな内部応力が発生していました。これが地震によって揺すぶられ、解放され膨張することでポップアップ現象が起きて山裾に沿ってクラックが発生したと考えるのが常識的であり、納得できる仮説ではないでしょうか。なお、スケッチの右側が山、左側が海です。

地震記念館での断層の実物を見学すると、たしかに地盤がずれているので、この上にある家などはひとたまりもなく壊れてしまうことが想像できます。しかし、これはもともとからある断層がたまたま土取り場の境界付近でポップアップによる浮き上がりが起きたもので、棚の上に横に寝かした瓶が転げ落ちるように、崩れかけたかやぶき屋根の家がつぶされるように、滑りだそうとしている断層が地震で動いてしまうのは当然の話ではないでしょうか。しっかりとした棚の上に両面テープでしっかりと固定した瓶なら地震が起きても転げ落ちることはなく、免震構造の家は壊されにくいのと同じことだと思います。

一度動かされた断層は、また地震で動かされやすいのも当然で、これを活断層あるいは起震断層という言葉で、地震を起こす危険な断層であるというのは本末転倒ではないでしょうか。あくまでも地震で動かされやすいパッシブな断層で「活」「起震」というアクティブな断層ではなく、むしろパッシブな「割断層」ではないでしょうか。

この野島断層は、長さ一〇キロといわれていますが、その東側は海岸線に沿って曲がっています。東側の山は風化が進んだ花崗岩であり、西側の平野部分は沖積層あるいは埋め立て層となっています。すなわち野島活断層といわれているものは海岸段丘であり、その麓は沖積層や人工的な埋め土によって道路や集落となっています。このため今回の地震によって海岸付近の沖積層は山崩れのように風化花崗岩に沿って崩れ落ち、南端の土取り場付近では野島断層は内陸方向へ曲がっています(苦し紛れか小倉地震断層と新たな呼称をつけている)が、地震でのポップアップによるクラックであり、北側の海岸線の延長のように直線的に伸びています、という服部仁博士の解釈(『活断層の誤解』創栄出版)のほうが合理的で当たり前ではないでしょうか。

地震断層記念館での野島活断層は「全体の断層の内でも南側の約一キロの小倉地震断層とい

われる範囲のところで起きた特異な断層である」と説明がつかなくなると、地震学者は特異とか想定外に逃げてしまうようです。全体的には東側の風化花崗岩に沿っての崖崩れが断層として現れたもので、この断層が震源である大阪湾まで続いているはずはありません。

もしこの断層が大阪湾の震源まで続いているのなら、断層のクラックに沿って温泉が噴き出し、マグマが出てきて火山となる危険性がありますが、そんなはずはありません。

震源はあくまでも大阪湾の深さ一六キロのところであり、神戸市街地では高速道路の橋脚が将棋倒しに倒れ、軟弱地盤の神戸市長田《ながた》地区では火災が発生し、甚大な被害となりましたが、これは渚現象で地震波が六甲山《ろっこうさん》に当たり、跳ね返ることでちょうど海の波が渚で割れるがごとく地震波も硬い六甲山にぶつかって跳ね返されて増幅して大被害をもたらしたといわれています（第6話「広島土砂災害の真因」参照）。

二〇一四年一一月二二日に起きた直下型の地震で、長野県白馬《はくば》村の神城《かみしろ》集落では家屋の倒壊が集中しました。このときは大断層であるフォッサマグナの一部である神城断層が逆断層として動いて震度六弱の地震が起きたと地震学者が解説しておりました。大断層であるフォッサマグナが動いたことで地震学者はフォッサマグナ全長に渡って余震の誘発があるのではとのことで色めいたようでしたが、余震は僅かですぐに終息しました。地震学者は神城断層がフォッサマグナからぐにゃりと曲がって新たな逆断層を造ったと解説していましたが、納得できません。断層はそんなに曲がるものではなく、地表に現れた隆起は典型的な渚現象で山の麓の沖積層に広がる集落に地震で揺すられた軟らかい沖積層が、等高線に平行に少しずれ下がって被害が集中したと考えるのが常識的ではないでしょうか。二五〇キロもあるフォッサマグナが動くなどは、日本列島誕生まで歴史を遡らないとならなくなります。熊本地震が大分方面まで震源が移動したときにも、中央構造線全体が動くことで連鎖的に地震が起きるのではとあちらこちらで報道されていましたが、そのまま終息しています。

一九六五年から始まり約五年間で六万回の有感地震となった松代《まつしろ》地震ほか、東伊豆、先日長野県南部の御嶽山《おんたけさん》の麓で起きた群発地震の発生のメカニズムはどのように説明するのでしょうか？　気象庁では「直下型の地震であり、今後も余震が続くので注意するように」とのご託宣だけで、群発地震発生のメカニズムについての詳細な説明はありません。

地震の真因は物理的破壊ではない

プレートテクトニクス理論に立脚した文科省が認定の地震発生メカニズムによる地震のメニューでは、図8のように直下型地震は正断層、逆断層、横ずれ断層の三種類であり、群発地震を想定していないので解説はできません。いずれの群発地震もかなり限定された地域内の地震で余震が続き、住民にとっては気味が悪く居心地の悪い地震であります。

ある地震学者は群発地震の発生メカニズムについて「直下型の逆断層地震であることでプレート内に圧縮ひずみが溜まり、これが限度を超えることでせん断破壊し隆起する」と解説してい

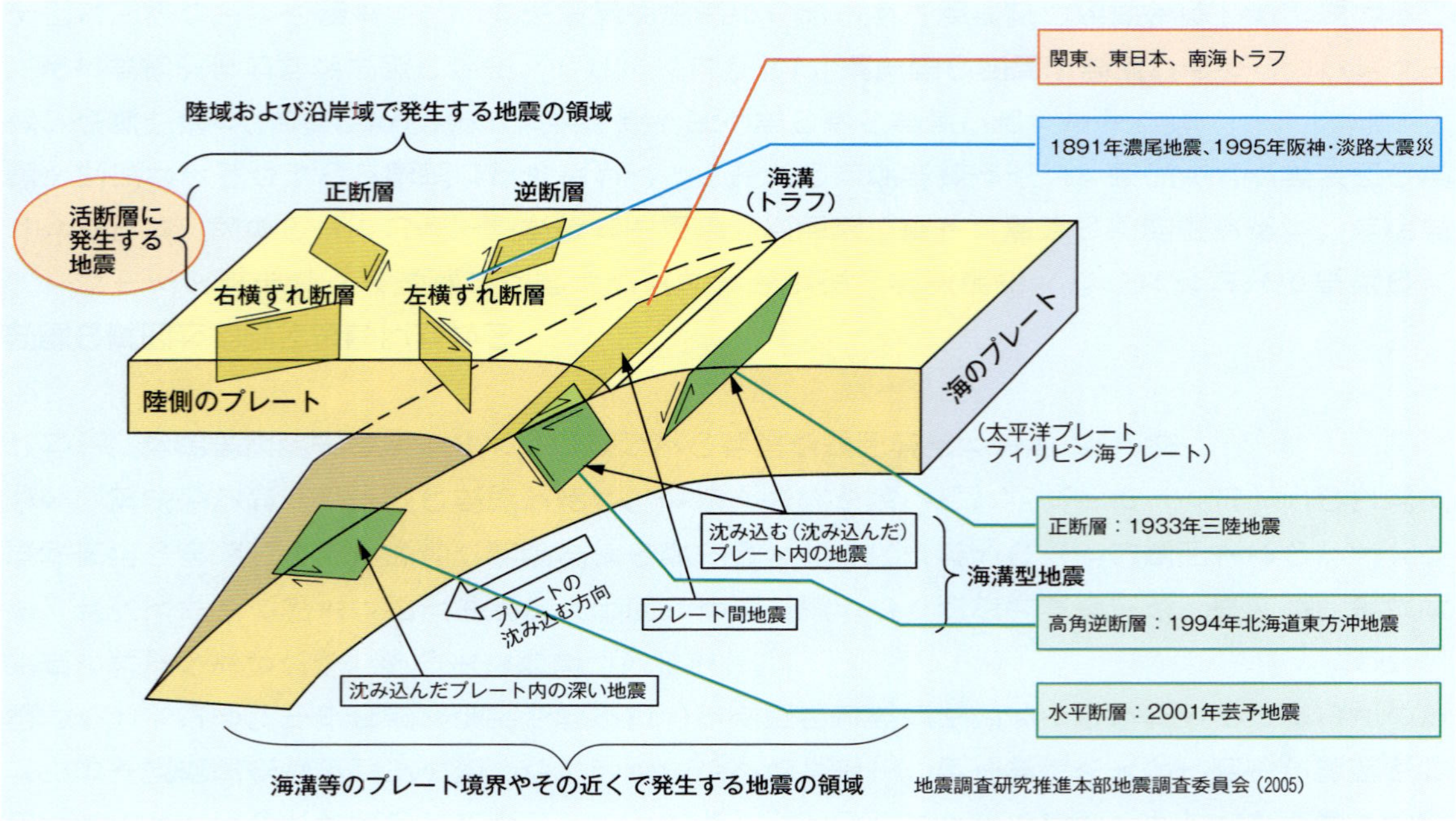

政府　地震調査研究推進本部　地震調査会 2005 年に加筆

図８　地震の種類（プレート間とプレート内）

ました。しかし、プレートの内部に一カ月ぐらいの間に次々と限界までひずみが溜まり、圧縮破壊、ひずみの解放を数百回も繰り返すことが果たしてできるものでしょうか？　まったく誰も納得することはできないのに、地震学者だけは衒学的に細かい数字を挙げて解説していました。

一九七六年から三年ほど続いた王滝村群発地震の震源は、深さ二キロとごくごく浅いもので、地震がおさまったのは一九七九年一〇月二八日に御嶽山が大噴火した後でした。これは群発地震と火山噴火は連動していることを証明したものです。噴火によって熱解離を起こす水が失われ、余震が終息した好事例ではないでしょうか。

二〇〇四年一〇月二三日に新潟県長岡市に発生した中越地震は、活撓曲型といわれている直下型で最大震度七の大加速度を記録して、山古志村での棚田崩壊や河道の閉塞による地震堰止湖の発生、新幹線の脱線事故などの被害が報告されています。この地震発生のメカニズムに関しては、活断層地帯ではなく厚い沖積層の下に隠れている未知の活断層が動いたと解説していました。

しかし、前述の石田地震研究所所長の石田昭博士によると、近くにある二酸化炭素の地中処分場の二酸化炭素の熱解離で炭素爆発したのであろうと主張していました。多分彼の主張のほうが合理性は高く納得できます。すなわち人災であるとの主張でしたが、その記述はオフィシャルなサイトでは見つけることができませんでした。余震の回数もかなりひどく、群発地震のような様相を呈していましたが、これも活撓曲型など聞き慣れない新しい断層型、あるいは未知の活断層の逆断層破壊が震源となるとの地震学者の説明には納得することはできません。

未知の活断層が原因とされたのは、地震の安全地帯である鳥取県の鳥取地震もその一つです。深さ一〇キロに震源を持ち、熊本地震の余震の最中に起きたので連動しているのかと、地震学者は一時騒然としましたがすぐに終息しています。京都大学防災研究所のある教授は、大量のGPSデータを解析し、この地域は年間約五ミリメートル東へ移動しており、大きなひずみが溜まっているのでこれが切れて起きた地震であり、今後の余震が続くので注意されたいと細かいデータを出して脅かしていましたが、大きな余震は起きず、そのまま終息したようです。GPSデータは移動量であり、ひずみ量ではないので活断層破壊発生の原因とはならないのでしょう。

中越地震から三年後の二〇〇七年七月一六日に、またまた地震の安全地帯である長岡市で発生した中越沖地震は、当初中越地震の余震ではないかといわれていましたが、独立した地震で横ずれを伴う逆断層による地震であるとのこと。震度六強というかなり大きな加速度を観測しており、柏崎刈羽原発では電源を喪失し、原子炉建屋のパイプラックが落ち、変圧器から火災も発生しました。この事故を見ると、明らかに原発の設計加速度をはるかに越える大加速度が作用し、原子炉周囲のパイプラックなどを破壊したように報道されましたが、再稼働の安全審査の際には設計入力についてては問題にしていませんでした。これは大問題ではないでしょうか？

熊本地震でも設計加速度〇・九Gをはるかに超える観測史上最大の加速度一・五Gを観測したとのことです。震源直上で観測された地震波形はP波がなくS波が直接到達したようなもので、長周期パルスという免震建物でも超高層マンションでも破壊するようなキラーパルスであるとのことですが、地下一〇キロメートルの震源断層がずれるように破壊して地表まで到達した地震であるとのことです。東北大学の教授は、これが布田川活断層の引っ張り側の正断層が引き起こしたと解説しておりました。

しかし、引っ張り側の断層が切れて起こした地震であるとの説明はまったく納得できません。震度七が二回、震度六以上は六回、有感地震は四〇〇〇回を超える余震は、どのようなメカニズムで起きたのでしょうか？　田んぼに現れた地割れを見ると、確かに山裾に沿って平行に滑り落ちたような断層が続いております。しかし、これは単純に地中にある山の斜面を地表の軟弱な田んぼが滑り落ちてできたものであるはずです。なんということか、この痕跡が熊本地震を起こした活断層であるとのことで、国の天然記念物として登録答申されました。これでは地震発生メカニズムが曲解されてしまいます。

さらに、布田川断層は東へ伸びて阿蘇《あそ》山のカルデラ内でも幅三・八メートル、長さ一〇キロメートル、深さ一・五メートルという非常に巨大な断層が発生し、大被害となっております。その後は大分県へ震源が移り、これがちょうど日本列島を南北に分ける中央構造線の上に当たるということで、一時関東地方まで震源は伸びるのではないかと脅されました。

また、余震が続き、益城《ましき》町や西原《にしはら》村では徐々に変形が進む「余効現象」でひずみが溜まり続けているため、マグニチュード六クラスの余震が来るので危険であるとも脅かされております。本当でしょうか？　これらはすべて、活断層にひずみが溜まり地震断層が切れて地震を起こすという地震発生のメカニズムの誤解からくるものです。

東日本大震災の際も同じように、福島県沖での二酸化炭素地中爆発が連鎖的に起きることによって、金華山沖からの津波を迎え撃つように福島県沖の津波が重なり、福島原発を襲ったとの主張もありますが、多分これが真実ではないかと思います。

もし、これらが事実であるとなると、福島原発事故も人災であると主張され、すべての原発の入力加速度の見直しとなって大幅な設計変更となり、当然日本のすべての原発の再稼働は無理となることが懸念されるなど、純粋な学問的な研究ではなく、政治がらみ経営がらみの圧力で大方針までねじ曲げられてしまう危険性があり、消滅されているようです。これが現状であり、地震予知の解決は程遠いことになってくるのではないかと案じています。

一九六四年六月一六日の新潟地震、一九八三年の男鹿《おが》半島沖地震（日本海中部地震）、一九九三年の北海道西南沖（奥尻《おくしり》）地震と前述した中越沖地震は、いずれも日本海側のオホーツクプレート（北米プレートと呼んでいる人もいる）とユーラシアプレートの境界線上で発生した地震で、いずれも津波を伴って大きな被害となっています。特に新潟地震は、液状化現象が新潟市内で発生し有名になった地震です。その詳細については、「第5話 液状化発生のメカニズムの誤解」で詳述します。両プレートはいずれも陸のプレートであり、太平洋プレートが東より押し寄せ、これを待ち受けるユーラシアプレートの間にオホーツクプレートが北より南方向へ移動しながら入り込んでいるとのことです。

このためユーラシアプレートとオホーツクプレートの境界付近では、潜り込むユーラシアプレートの表面付近が目詰まりを起こし、マグマの上昇を留めマグマ溜まりができやすいゾーンとなっているものと思われます。このマグマ溜まりでの地中噴火によってオホーツクプレートをドンと押し上げることで、日本海側の一連の大震災の発生メカニズムを説明することができます。このことから、直接地震動での被害は軽微ながら、津波を伴い大きな被害となっているのではないでしょうか。

いずれの地震もずいぶんと古いようですが、地震の世界ではつい昨日のことです。プレートテクトニクスだけが地震発生であると考えている日本の全地震学者は、このように日本海側での地震が続くことで太平洋プレートの押し寄せる力はかわされ、日本海溝には大きなひずみが溜まらないはずと考えていたので、東北地方は地震の安全地帯としてノーマークで安全宣言を出していたようでした。だがしかし、二〇一一年三月一一日、なんと未曽有の巨大地震マグニチュード九・〇の東日本大震災が発生して、七年経過してもまだ復興半ばであり、福島原発などはまったく復興の目途さえ立っていません。

二〇一七年八月二五日中央防災会議の有識者会議が開かれ、学者先生が数十人並んで大会議を開いて、結論は「南海トラフ大地震に対しては確度の高い予測は困難である」とのこと。四〇年以上総額十数兆円を超えるような巨額な研究費を使って「結局わかりません」では納得できません。これを受けて政府は「南海トラフ全域の地震活動などを評価する情報を新たに作る見込みである」とこれも素人を煙に巻いて退散を決めたように思えます。

立川活断層が地震を起こすぞ！　と不安をあおって、結局は多摩川の河岸段丘で地震を起こす断層でもなければ、地震によって動かされやすい断層でもないと結論された幻の立川断層と同じように無責任でしたが、影響はもっともっと大きいはずです。

基本となる地震発生メカニズムに関する研究をやらずに、プレートテクトニクス理論で説明されているメニューの中から選んで、その中での地震発生の詳細なメカニズム研究や予知の研究が行われているだけであることが今も気付いていないようです。

すなわち、地震は活断層で発生するものと海溝等プレート境界やその近くで発生するものに分類され、さらに正断層、逆断層、横ずれ断層プレート間、沈み込むプレートの内部での地震と分類されています。そのほかに火山性の地震や群発性地震などに分類されています。

しかし、地震は発生場所の違いでこのようにいろいろな地震が起きるのでしょうか？　体感的には震源が近いか遠いぐらいしか区別できないように感じているのですが！

地震の真因は化学反応である

そこで原点に立ち戻り、地震発生のメカニズムに関して、小川博士のマグマの上昇で地震が発生するとの仮定がすべての不合理的な現象説明を解決できるのではないだろうかと筆者は気が付きました。

小川博士の持論は、次に書かれていました。

昭和四（一九二九）年二月七日の大阪朝日新聞

（地質現象之新解釈・小川琢治著より収録）

地形変動と地震波動発生の間には因果関係があるものではなくて、いずれも地下に存在する一原因から誘導されて一方には地形の変形を起し、他方には地震波動を発生する機巧を考へればよい。

地震が岩漿《がんしょう》の存在に起因するといふ考へは、かって小川（琢治）博士によっても唱えられたものであるが、博士は専ら地質学的事実を根拠としておられたようである。

※なお、地形変動は地割れや断層、岩漿とはマグマのことである。（筆者注）

このように、湯川秀樹博士の実親の小川琢治博士によると「地質学的には断層や地割れや地震はマグマの存在で起きるのである」と述べています。

筆者はプレートテクトニクスを全面的に否定するものではありません。

地震発生のメカニズムの提案

図9は南海トラフ地震と熊本地震を想定し九州を東西に切った断面です。

海のプレートが陸のユーラシアプレートの下に潜り込むときに、その上面付近は摩擦によって隙間が埋められ、目詰まり状態となります。海のプレートの下方でマントルの熱で溶けたプレートの内の水などを含んで軽くなったものはマグマとして浮き上がり、鉄分などを含んで重いものは沈み分級されます。

しかし、陸のプレートとの境界付近では、海のプレートの上面付近で目詰まりしていることから、マグマはそれ以上上部へ上昇することができず、マグマ溜まりができます。陸のプレートとの境界はかなり膨大な面積があることで、マグマ溜まりも巨大なものとなるはずです。マグマが冷えたり、拘束圧力が減少したりすると、マグマの中に溶存していた熱解離して生まれた酸素と水素は気泡となり、これが一気に結合します。すなわち、水素爆発であり火山噴火となり海溝型地震の南海トラフ地震となるはずです（石田昭博士ＨＰ「セミナー倉庫」参照）。

海底下数十キロメートルであることで、陸のプレートを吹き飛ばすことはできませんが、一瞬持ち上げることはできるはずです。これによって津波は発生すると考えると合理的に説明できます。

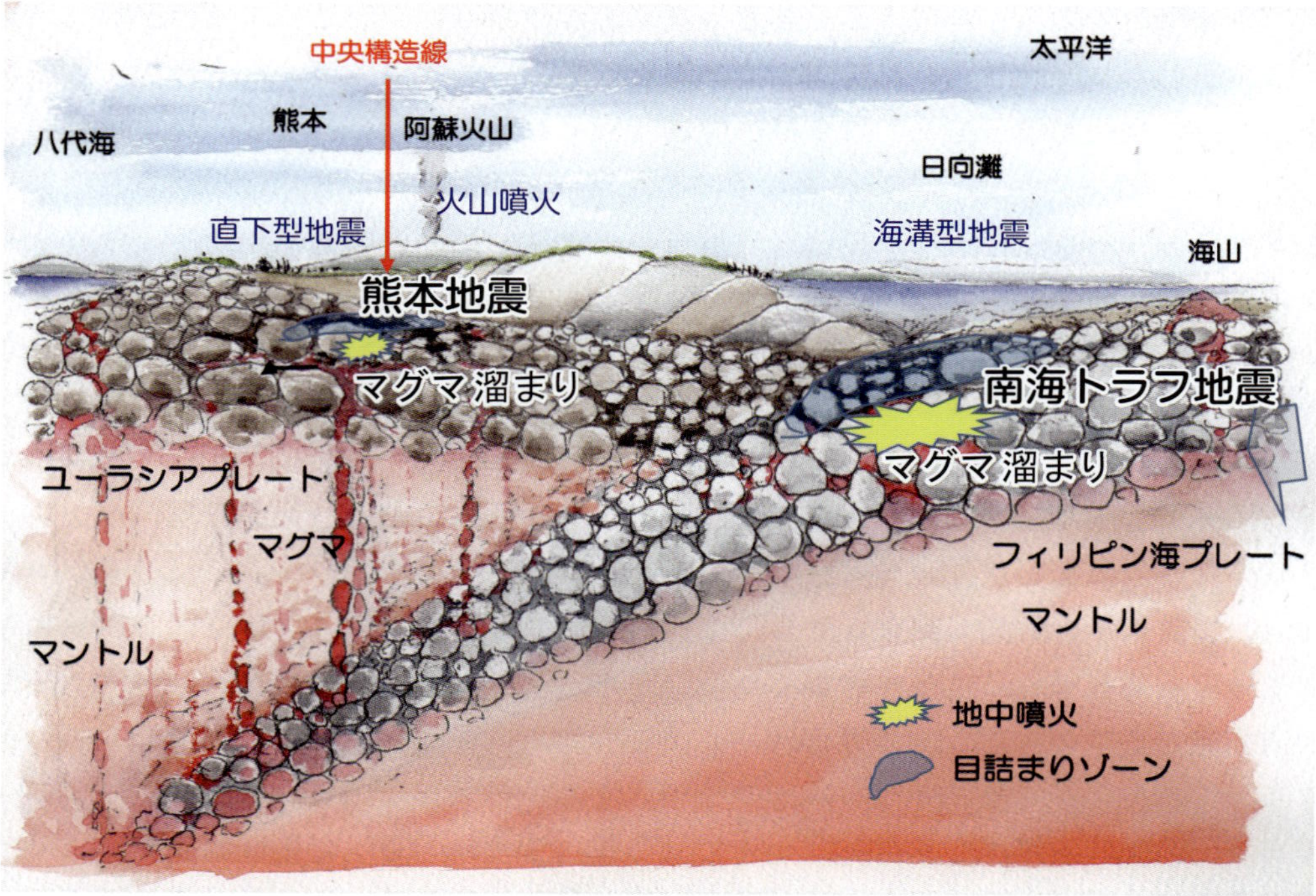

図９　地震発生のメカニズム

直下型地震である熊本地震は、海のプレートがマントル内へ沈んでいき、その熱によって軽いマグマは浮き上がってゆきますが、陸のプレートの付加体の先端部付近は、中央構造線となり目詰まりを起こしているはずです。その下から上昇してきたマグマはそれ以上昇れずにマグマ溜まりが帯状に形成されます。この帯がちょうど活断層といわれる日奈久断層帯と布田川断層帯で、さらに大分方面へつながる中央構造線と一致します。マグマは徐々に冷やされ、圧力が減少し震動が加わったりすると、溶存していた酸素と水素は気泡となり結合し、水素爆発が起きるはずです。すなわち、地中噴火であり、これが直下型地震の一連の熊本地震です。浅いところでの地中噴火であることから狭い範囲ですが、地表には大きな震動が生じ、大被害となります。

地中爆発して生まれた水は、再度マグマに熱せられて熱解離を起こし、酸素と水素に分解され溶存します。これがまた気化することで爆発が起きます。これが繰り返されて余震となります。東日本大震災では六年経っても余震は続き、熊本地震では四〇〇〇回も余震が起きております。マグマが冷えたり、水分が四散したりするまで余震が続くことになります。ひずみが溜まってこれが切れることで余震が起きるなど到底納得のできる仮説ではありません。

目詰まりゾーンがないところではマグマはさらに上昇し、地中爆発が起きると山体崩壊や大火山噴火となります。すなわち、海溝型地震も直下型地震も、群発地震も、山体崩壊も火山噴火も、皆同じマグマが溶存している熱解離ガスの地中噴火によって起きると考えたほうが単純であり、合理的な説明がつく仮説であると考えて提案するものです。

スケッチは山体崩壊を起こした雲仙眉山《うんぜんまゆやま》と大火砕流が起きた普賢岳《ふげんだけ》です（図10）。眉山の半分が有明海へ吹き飛ばされ大津波となり、「島原大変 肥後迷惑」といわれたところです。

太平洋での海底では、ところどころ海底火山が噴火したり、海山ができたり、地下七〇キロメートルもの深い位置に震源を持つ地震が発生したりしますが、これもマントルで加熱されたプレート内の水分が熱解離で酸素と水素に分解され、マグマとして上昇することで海のプレートの岩石の隙間をにょろにょろとせめぎ上がり、圧力が低下したところで結合爆発、爆縮が起きて発生すると仮定すると合理的に納得できます。これを地震学者のひずみが溜まってこれが限界となり破断するという仮説では、到底合理的な説明にはなりえません。

地震予知の研究は、国家予算として学者の人件費も含めると毎年数千億円規模で行われているそうです。日本中の活断層調査や数千個のＧＰＳ観測、広域あるいは海底での地震観測体制、

図10　左：火砕流の雲仙普賢岳　右：大噴火で山体崩壊の眉山

海底の活断層調査……などなど。筆者もとうきゅう環境財団から一〇〇万円の研究助成金をいただいたとき、調査業者へ協力をお願いしたことがありますが、国家プロジェクトに反旗を翻すような研究に協力するのはどうかとやんわり断られてしまいました。間違っていると思われる地震発生メカニズムの研究に、打ち出の小槌のように潤沢に研究費を使っているので、それを否とする研究には頑として諾はないのでしょう。学生もこのように育てられているので新たな仮説を立てての地震発生メカニズム研究など彼らにはできるはずもないと思います。

海溝型も直下型もその発生メカニズムは同じ地中の火山噴火であり、地震発生の場所が違うことで発生のメカニズムが変わるなどということはないと思います。世界地図を見ても、海岸か内陸かを問わずに地震帯と火山帯は同じところにあります(図11)。高校生レベルの科学の知識があればわかることです。これも知らない地震学者が地震予知の研究をして、学生を育て企業へ送り込んでいるのでは、今後何年たっても想定外という言葉で片づけられそうで心配です。

このままでは日本の地震研究はねじ曲がり、解決は期待できそうにありません。そういう地震学者には辞めてもらうしかないのではないでしょうか。イタリアでは予測に失敗した地震学者七名全員に有罪判決が下っています。

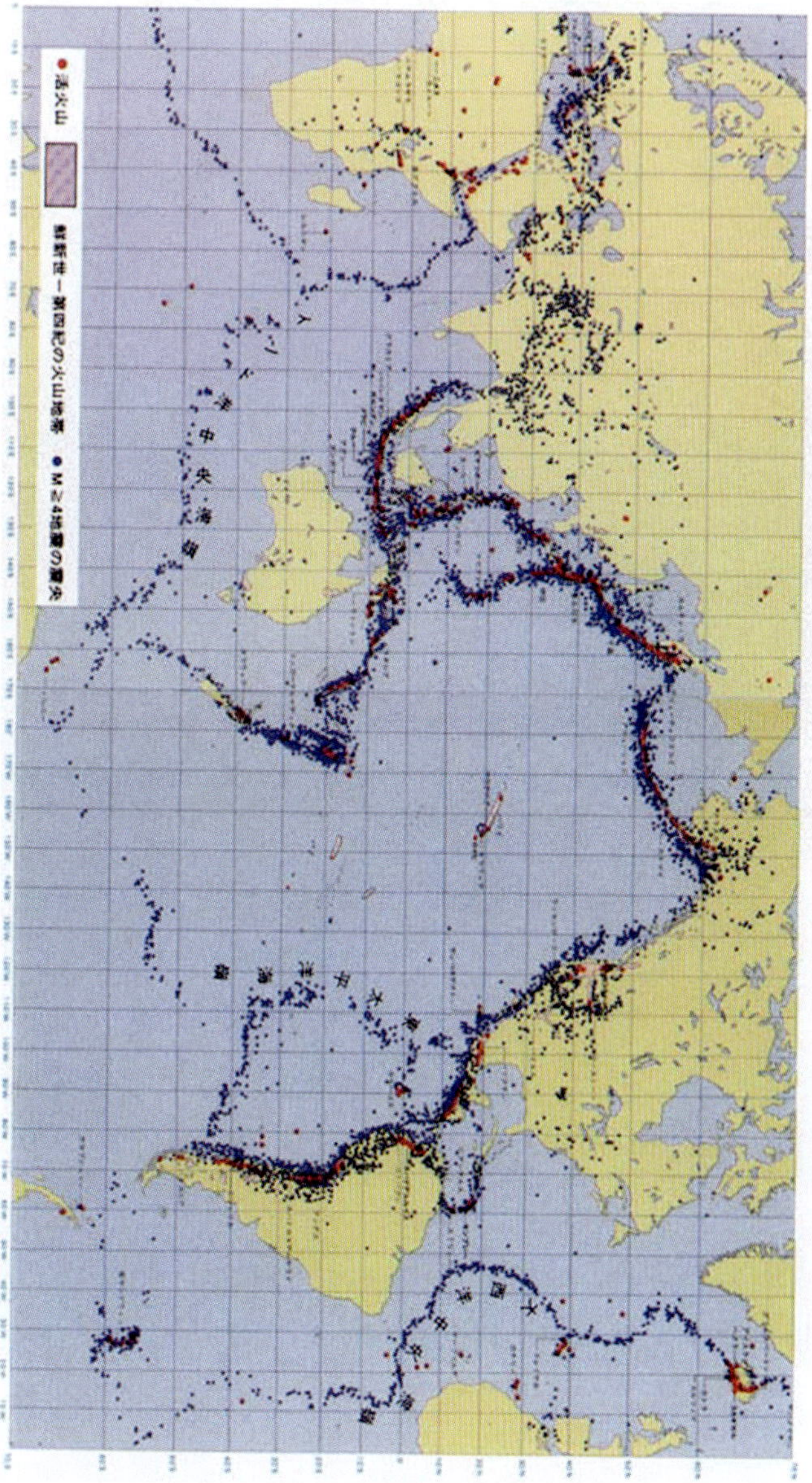

図11　世界の地震発生地点と火山帯　日本火山学会（勝井義雄編集 URBAN KUBOTA 1979)

第2話

立川《たちかわ》断層　本当にあるのか？

地震発生モデル

政府地震調査会では、立川活断層は二〇一一年三月一一日の東日本大震災の影響でこれまでいわれてきた地震発生の確率が高くなり、一層の警戒をするようにとのご託宣がありました。東日本大震災では北米プレートの東端が約一〇メートル東側へずれたので、これまで太平洋プレートの沈み込みによって蓄積されていたゆがみが開放され、日本列島全体、特に活動が活発な立川断層のほか、双葉《ふたば》断層、阿寺《あてら》断層、三浦半島断層、糸魚川《いといがわ》―静岡構造線など四本の東日本大地震の震源を中心とする同心円状の活断層は危険性が増したとのことです。

立川断層が切れて起きる地震を仮称立川地震とすると、この地震は最悪三三キロの断層帯が動くことでマグニチュード七・三となり、震度七の激震域が立川断層の南方向に広がるとのことです。府中市、日野市、多摩市から町田市方面までの特に南部方面の被害で、

図１　メキシコ南部地震によるメキシコシティーの被害状況　NHK ＴＶ（2017 年9月 18 日）

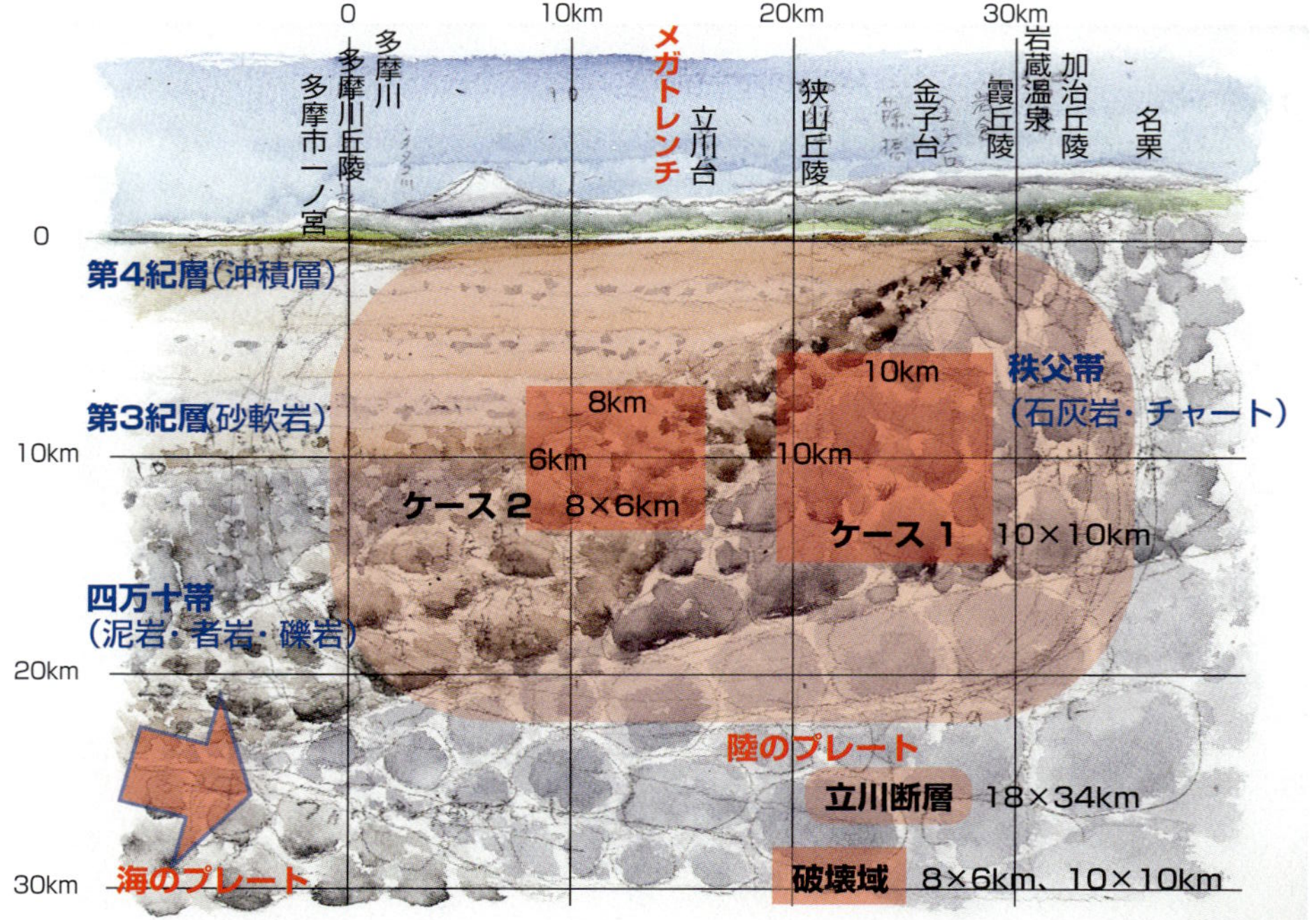

図2 立川断層の地震発生メカニズム（微視的断層モデル、中央防災会議HP）に地盤構造想像図（筆者）を加筆

まさに壊滅的に巨大地震となるとのことです。阪神淡路大震災の約三倍ものエネルギーになるとのことでした。

これは二〇一七年九月一八日にメキシコ南部で発生した地震がマグニチュード七・三で、立川地震とほぼ同じ規模のものです。二〇〇人以上の犠牲者が出ており、かなりひどい地震動です(図1)。

図2は、中央防災会議HPの立川断層による地震発生のメカニズムに、筆者が想像している地盤構造を載せてみたものですが、その震度予測は立川断層といわれる岩盤の長さを三四キロと深さ一八キロと仮定し、その面積の中の割れる範囲を薄赤色のように仮定し、その岩盤が画面と同じ面内でバキッと二つに割れて、あるいはずれて地震を起こすと仮定したときに発生するエネルギーがマグニチュードとして計算され、周囲の地盤が硬いのか軟弱なのかによって吸収されるのか増幅するのかなどを仮定し、敷地を五〇メートルメッシュに区切ってスーパーコンピュータで地震の強さ、すなわち震度を計算しています。

しかし、本当にこのように巨大な一枚岩が立川の地下にあるでしょうか? 奥行きも三〇キロはないと破壊する力が入りません。実際の地盤は、陸のプレート上に乗っている付加体の秩父《ちち》《ぶ》帯と四万十《しまんと》帯および第三紀層のはずです。一瞬のうちに垂直にバキッと割れるとは想像がつきません。

ということで、かなりの仮定の上に成り立っておりその仮定が一つでも違っていれば違った結果となります。これまでの三〇年間で巨大地震のどれ一つとして当てたことがなく、とくにマグニチュード九・〇の東日本大震災でさえ地震学者のだれも予測しておらず、毎年巨費を投じている地震研究を根本から見直すべきであると言ってきましたが反省はなく、これまでの地震研究が踏襲されていることに疑問を感じております。これは「第1話 地震発生のメカニズムの誤解」で詳述しています。

地震発生のメカニズムそのものが間違っていると思えるのでいくら巨費を投入してもまともな結論は出るはずはないはずですが、地震はほとんど毎日日本のどこかで発生しており、時には大震災となるような危険なものもあります。

最近になって、三〇年後までに八〇%の確率で起きる東日本大震災に匹敵するような南海トラフ地震を予想してつくらせた法律「大規模地震対策特別措置法」も、確実に南海トラフ地震を予知することができないことがわかり、見直すことにしたとのことでした。ですが、避難と耐震補強などの準備だけは怠りなくと、無責任にも逃げることにしたとのことでした。

活断層といわれている断層は地震によって動かされやすい断層であって、震源が違っていても同じところが何度でも動いてしまう断層のことです。例えば、グラグラしている棚の上に載せた瓶やテレビなどは地震が来るたびに落ちるように、墓石は直しても倒れるのと同じように、地割れや地滑りは地震が来るたびに大なり小なり動くような不安定な断層で、割れたり迫上がったり横ずれしたりする断層を活断層というアクティブな断層ではなく、地震で割れる割断層というべきであると思っています。

藤田和夫博士の名著である『日本列島砂山論』で述べられているように、日本列島はどこでもぐちゃぐちゃに割れており、断層が縦横無尽に走っています。そのなかの地震で動かされやすい断層を活断層というのであろうと思います。すなわち、活断層の上は地震が起きた場合にはグラグラした棚の上の瓶や古い墓石のように危険な地域であることは間違いありません。しかし、それが地震を起こすかというと答えはNO！です。

名栗《なぐり》断層

では立川活断層は本当にあるのか？の疑問にも答えはNO！です。

埼玉県の名栗断層と青梅《おうめ》市岩蔵から多摩市一之宮まで約三三キロの断層帯を、立川活断層帯と呼んでいます。この断層が地震を起こすのではないことは、既に「第1話 地震発生のメカニズムの誤解」で詳述しています。では地震によって動かされやすく危険な活断層であるのかについて、筆者は地震学者が巨費を使って調査測定解析した大量のデータをインターネットで入手し、その調査測定した地点を中心として、スケッチブックを持って歩き回り、データの合理性妥当性などを再検討してみました。

その結論は「名栗断層は東大震研のレポートからも断層の誤認である」とのことで外し、北端の青梅市岩蔵から約二二キロ南の多摩市まで数度にわたって踏査しております。

岩蔵―箱根ヶ崎

立川断層の北端は、図3のスケッチのように「岩蔵の大岩」といわれる岩蔵温泉のご神体である長さ二〇メートル、高さ三メートルほどのチャートか石灰岩が加治《かじ》丘陵内の山の中にニューっと飛び出しており、政府地震調査会ではこれが立川断層の始まりではないかと、今でも詳細な測定器をこの岩体に挿入して、僅かなずれも見逃さないように計測を続けています。

しかし、この加治丘陵は青梅丘陵から続いている石灰岩の丘陵で、青梅丘陵ではいたるところにこの種の岩体を目撃できます。特に辛垣《からかい》城址には巨大な岩体があり山城となっています。岩蔵の大岩の付近にももっと大きな岩体とその一部をのぞかせており、少し歩けばどこにでも露頭している岩体を発見できます。このような石灰岩の溶け残りは、地盤工学専門用語でカッレンフェルトといわれるもので、断層によって隆起したものではありません。さらにこれを確かなものにする痕跡として、岩蔵の大岩の前には直径約三〇メートル、深さ約一〇メートルの大きなくぼ地がありますが、これは石灰岩が溶けてくぼんだところ、すなわちこの付近には鍾乳洞が存在するはずです。このくぼ地は地盤工学的にはドリーネと称される地象で、典型的な石灰岩地帯です。近くの住民に聞くとたしかに鍾乳洞もあり、東京炭鉱という泥炭の鉱床もあるとのことでした。断層でにょっきりと持ち上がったものではないことははっきりとしています。それでもいまだに精密測定は続いています。

このように付近は典型的な石灰岩の丘陵地帯であり、地下には断層が走っていることで鉱泉

ながら岩蔵温泉郷という天然温泉街も繁栄しております
が、活断層の痕跡は確認できません。

岩蔵温泉郷の中心を流れる黒沢《くろさわ》川という小さな川も立川断層が横切っていますが、地図上でそれらしい地点は西側の上流方向が隆起し小さな滝を造っています。本来の立川断層は下流側の東側が隆起していないとならないが真逆です。この支流の北小曽木《きたこそぎ》川にそって立川断層は南下し、加治丘陵の頂上である笹仁田《ささにた》峠を通ります。この笹仁田峠が北端であるという地震学者もいます。その理由は加治丘陵を遠くから見ると笹仁田峠を境にして下流側の方の標高が高く上流側は低いからだとのことです。これは笹仁田峠で立川断層が隆起し、下流側の標高が高くなったからだとわかりやすい理由からです。

しかし、これも本当でしょうか？　笹仁田峠の北西側には開析谷が三本ほど入っており、加治丘陵を開析することで丘を削り、低くなったと考えるほうが合理性はあ

岩蔵の大岩は、立川断層の北の端であるといわれて精密観測がされているが、実カッレンフェルトといわれる石灰岩の溶け残りであり、右端のくぼ地は石灰岩が溶けてくぼんだドリーネと呼ばれるくぼ地。

ると思います。この開析谷は大きな宗教団体の錬成道場となっています。

笹仁田峠を下り霞川の沖積地に入ると、岩蔵街道が霞《かすみ》川を渡る観音《かんのん》橋付近では、立川断層の痕跡を探すために大掛かりな地盤調査が行われました。この観音橋付近は、霞川の沖積平野がいちばんくびれているところであり、そのくびれは立川断層の隆起によってのものだとのことです。

本当にそうでしょうか？　霞川の観音橋より上流は、明治のころまでは霞湖といって小さな湿地帯で不毛の地でしたが、現在は河川改修で霞川を人工の開渠として、東の入間《いるま》川へ流れるように改修され、湿地帯は今寺田んぼとして水田地帯となっています。

霞川の観音橋より下流の流域は、幅約一キロで入間川まで約二〇キロの細長い沖積地です。霞川の源流は天寧《てんねい》寺《じ》の裏山の青梅カントリークラブの下の湧水池であり、その流域面積は加治丘陵の南側だけでかなり小さいの

図３　岩蔵の大岩

で、常時流れている水量はちょろちょろ程度でほとんどありません。

そのようなところで地震学者はボーリング地盤調査やピットを掘って地層の断面図を描き、関東ローム層の年代測定などをやっています。その結果、下流側の関東ローム層が約一〇メートル先で上流側より約五〇センチ高い位置にあることを発見しており、これは立川断層の隆起が原因であると結論しています。

本当でしょうか？ 霞川は長さ二〇キロ、両岸には加治丘陵と金子台《かねこだい》という丘陵地に挟まれ、幅一キロと非常に細長い流域を形成しています。ここに富士山や箱根火山の降灰が二～三万年以上にわたって少しずつ降り積もり続けて関東ローム層となっています。時には台風や大雨が降ると、ふんわり綿のように積もった火山灰は泥流となって流れ下りますが、細長く標高差のあまりない霞川は淀んでしまい自然堰ができます。大雨が降るたびに、だんだん上流へ堰が登ってくると考えるほうが自然で、いつでも起こりうる現象ではないでしょうか。断層が隆起して下流側のほうが高くなることもないとは言い切れませんが、これは数万年に一度起きるか否かで下流側が隆起する断層でないと起こりません。、自然堰は大雨さえ降ればできる堰であり、下流側が高くなるのは当然です。その結果、霞川の流れは止まり、観音橋から上流は湿地帯となったと考えたほうが自然現象を合理的に説明できます。

さらに南下すると金子台となります。立川断層の調査は沖積低地での調査が中心で、洪積台地の上での調査はあまりやっていないようでした。国家プロジェクト研究の最終年度で初めて金子台の北側斜面の七日市場で行われ、立川断層調査の結果はこの付近で横ずれ断層となっており、金子台の北側の斜面は「溝状凹地」を形成し、その移動速度は四ミリメートル／一〇年とのことでした。

これも本当でしょうか？　地震学者は、観音橋東側では立川断層は隆起の縦ずれ断層であると言ってきたのに、その南側の金子台では横ずれ断層であるとのことですが、断層が縦ずれから横ずれに変わった理由の説明はなく、このこまかすぎる結論には納得することはできません。

地質図（図４）を見ると、この溝状凹地といわれる地形は、地学的には単純に金子台の北側斜面の開析谷のようですが、実際は開発が進んで住宅地団地になっているので流れはなく、はっきりしませんが、唐突に横ずれ断層というより、開析谷が金子台に入り込んだとみるほうが常識的であると思います。この開析谷は中央付近でＹの字に分かれ、その一本は立川断層に沿っており、残り一本は断層と交差して開析されています。この地象を見る限り立川断層が横ずれ断層か縦ずれ断層かなどの議論は意味がないように感じます。

付近には藤橋《ふじはし》城址公園や古い神社や寺院などがありますが、断層で隆起したような痕跡も横ずれした痕跡もまったく見出すことはできません。

さらに南下すると、金子台の上は現在圏央道が走っており、そのほかはまったく平らな狭山《さやま》茶の畑となっています。断層の調査をするのなら沖積低地での堆積物の調査をするより、古い地層が地表近くにある台地でその痕跡を見つけるほうが説得力はあるだろうと思いますが、地表面が平らな関東ロームの金子台ではまったく調査は行われていません。

金子台の南傾斜地で、地図上では直下に立川断層が通るところに、なんと重要施設である東電青梅変電所があります。この変電所は東京新橋の東電本社ビル内にある変電所が地震などで機能しなくなった場合のバックアップの機能があるとのことです。その重要施設がどうしてよりによって立川断層の直上に建設されたのか疑問でしたが、調査してみると免震構造になっており、直下型地震を想定して建設されていたようでした。

東電変電所の南には、これまた重要施設である日立青梅工場が隣接していますが、地質図では立川断層線が点線に変わっており、断層の存在を確認できなかった様子です。しかし、断層の延長上にあることは間違いないので敷地購入に際して見落としたのでしょうか？　それとも断層のリスクで格安に購入したのでしょうか？　いずれにしても立川断層の存在が怪しいので問題はありません。

さらに南下していくと、金子台の南麓の藤橋地区には青梅スタジアムという野球場がありま す。ここはスタンドからの展望が広いところです。そこからの展望でも、金子台の南麓崖線は東へ続いているのを確認できますが、立川断層の隆起あるいは横ずれの痕跡はまったく見つけることはできず、はるか約二キロかなたの都立青梅畜産試験所のサイロまで見通すことができるほど平坦な農地が続いています。

金子台と狭山丘陵の間の藤橋地区は古多摩川の沖積地です。古多摩川《こたま》は、ＪＲ青梅駅付近で

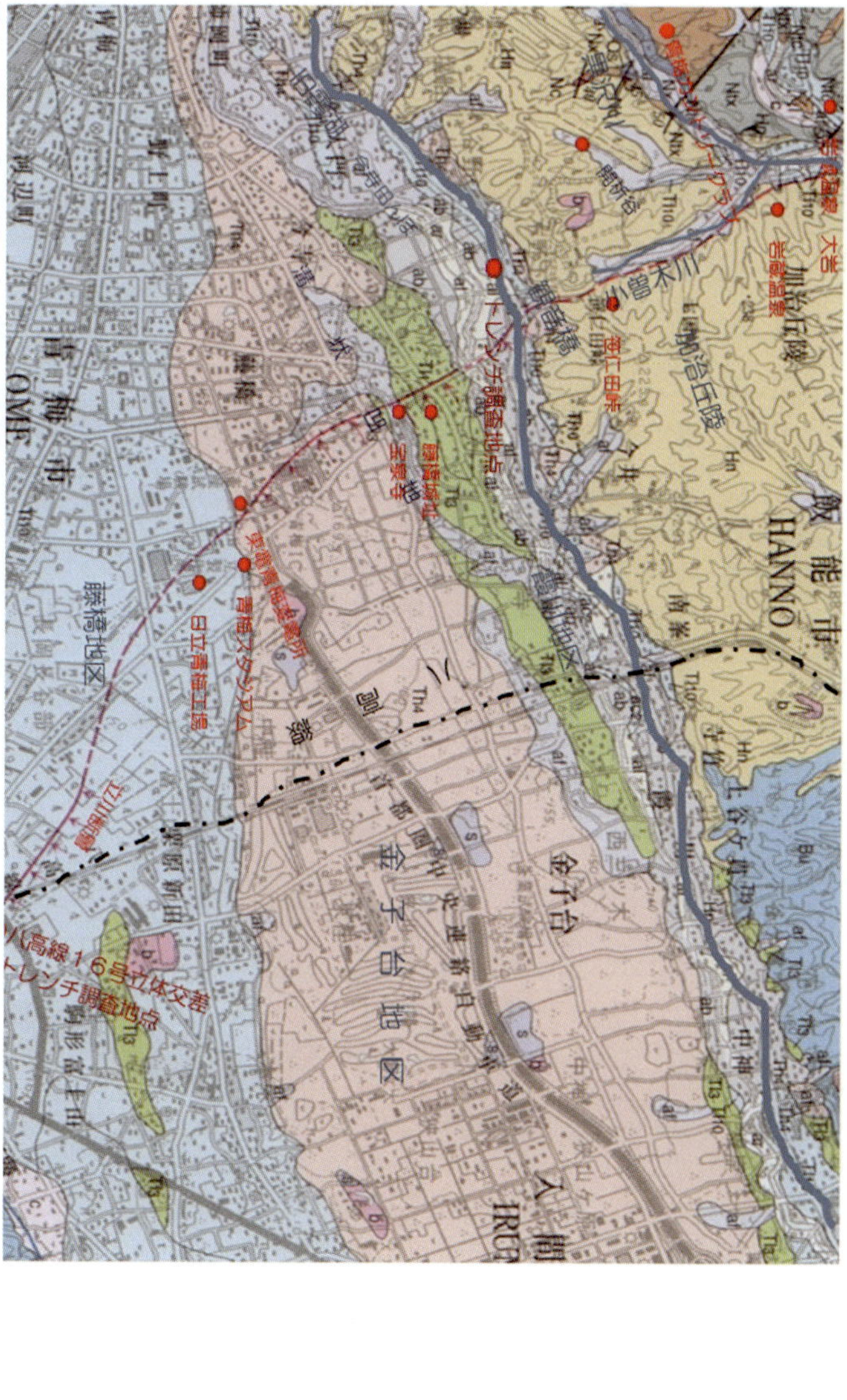

図４　青梅地域の地質図（国立研究開発法人 産業技術総合研究所　青梅地域の地層に筆者加筆）

奥多摩の山地を抜けるとそのまま東進して狭山を抜け、入間へ行き現在の荒川流域へつながっていました。この沖積地は、その中央に古多摩川の三角州である狭山という小高い丘がある幅約二・五キロで、長さが約二五キロと細長く、幅一キロ、長さ二〇キロの霞川と兄弟のように同じです。富士山や箱根火山からの火山灰で徐々に埋められ、大雨が降ると泥流となって流れ下ることで堰が造られ湿地が徐々に上流方向へ登り、最後は狭山丘陵の西端で止まったと考えられます。その西側は、霞川の今寺湿地と同じように湿地帯となって取り残され、古多摩川は南方向へ流路を変えて現在の多摩《たま》川となってゆきます。古多摩川の流路跡は狭山丘陵に新しい源流を持つ不老川が小川となって流れていますが、広い元の多摩川の流域に対して不老川という小川の流れは、いかにも不釣り合いな小さな流れとなって狭山茶の畑の中を縫って流れています。

地震学者は、狭山丘陵の西側に湿地を造ったのは立川断層の隆起で多摩川が堰き止められたと説明していますが、本当でしょうか? 狭山丘陵は古多摩川の三角州であり、その西端には独立した狭山神社のある駒形富士と呼ばれる小山や正福寺山などの小山が離れ小島のように残っており、それらが霞川が観音橋で泥流堰ができたのと同じで関東ロームの泥流堰を造る要の島となったのではないだろうかと想像されます。

狭山丘陵の西端の崖の成因を調べるために、東京都では国道一六号線のバイパスと八高線との立体交差付近でトレンチカットを行い、断層の調査を行いました。その結果は、下流側のほうが上流に比べて約二〇～三〇センチ高くなっており、断層の隆起を確認したと説明しています。しかも断層が隆起したのは約一・三～三万年前であるとのことです。駒形富士の西側にある狭山が池の中でも池の水を抜いてトレンチ掘削をして断層の調査を行っていますが、深さが約二メートルであり、湖底の地層の乱れは約数十センチであったとのこと。すなわち、縦ずれ断層であるとの結論です。

僅かに二メートルほど掘ってその地層の標高差が数十センチあったとしても、それが断層の有無を決定づけるほどの根拠となるのでしょうか？　断層を顕微鏡や虫眼鏡で見てもわからないのではないでしょうか？　現在、狭山丘陵の西側の湿地帯から残堀川が狭山丘陵の南を通って東南方向に流れています。

古多摩川の痕跡を流れる残堀川は、昭和に入って河川改修と土地改良で、人工的に作った狭山が池を源流として狭山丘陵に沿って流れています。立川断層は狭山丘陵側の高い位置を残堀川と並行に走っています。ということは、立川断層の隆起があったとしても残堀川の流れを止めることはできず、古多摩川が立川断層の隆起によって狭山が池一帯の湿地帯を造れるはずはありません。立川断層と残堀川は同じ方向に走っていることを地震学者の先生方は見落としていると思います。

ということで、国家プロジェクトの立川断層研究グループでは、立川断層は狭山が池方向に曲がって縦ずれ断層を起こしたのではなく、そのまま直進して狭山神社のある駒形富士の小山の中を通ったのではないかと、狭山神社の境内で二カ所のトレンチ掘削をしています。しかも内緒で！　これは後述しますが、一年ほど前に旧日産村山工場跡でのメガトレンチ調査結果を公開したことで大失敗したすぐ後のトレンチ調査であることで、今度は失敗が許されないため極秘にやったとのことです。

二カ所掘ったうちの一カ所で明らかな地層のずれを発見し、これが横ずれ断層であると結論しました。

この情報は、以前この付近で筆者がスケッチ教室を開いたときに、オバチャマ生徒に定年後自由研究で立川断層調査をやっているのを知らせていたので「先生、大変だ！　狭山神社を掘り出した」と注進が入ったことでわかりました。早速自転車で狭山神社まで出かけましたが、すでにブルーシートで覆われ、わからないようになっていました。しかし、そこはスケッチ、ブルーシートをはがして中を覗き込んで描いて仕上げました（図６）。

翌日の地元新聞には、写真付きで立川断層は数百年前に動いた痕跡を発見、しかも横ずれ断層であると結論していました。本当でしょうか？

よく調べてみたら、産総研の青梅地域の地質図に「小手指が原断層」が狭山丘陵の北側斜面に沿って走っており、新発見の立川断層とは直行しています。小手指が原断層は、狭山丘陵がその北側が地滑りを起こしたように縦ずれ断層となっており、東京都が発表した狭山が池では縦ずれ断層で、国が発表した狭山神社では横ずれ断層であるとなっています。どちらが本当でしょうか？　答えはいずれもＮＯです。

国の発表した横ずれ断層は「風隙地形《ふうげきちけい》という古多摩川の流路跡にできる谷底面の変位を受けた地形であり、そこへ続く丘陵斜面の変位」を手がかりに調査したとのこと。よく理解できない衒学的な表現の説明で、煙に巻かれています。付近はベテラン登山家でも直登は不可能なぐらい急峻な関東ロームの崖地となっており、地質図では明らかに小手指が原断層の一部で、狭山丘陵に続いてはっきり目視できる断層です。同じ断層を横から見ているだけであり、レポートの写真を見ると明らかに作為的に縦横比を変えて極端に見せています。わかりやすいですが騙されます。同じことは図５の東京都のトレンチ掘削の図でもいえます。

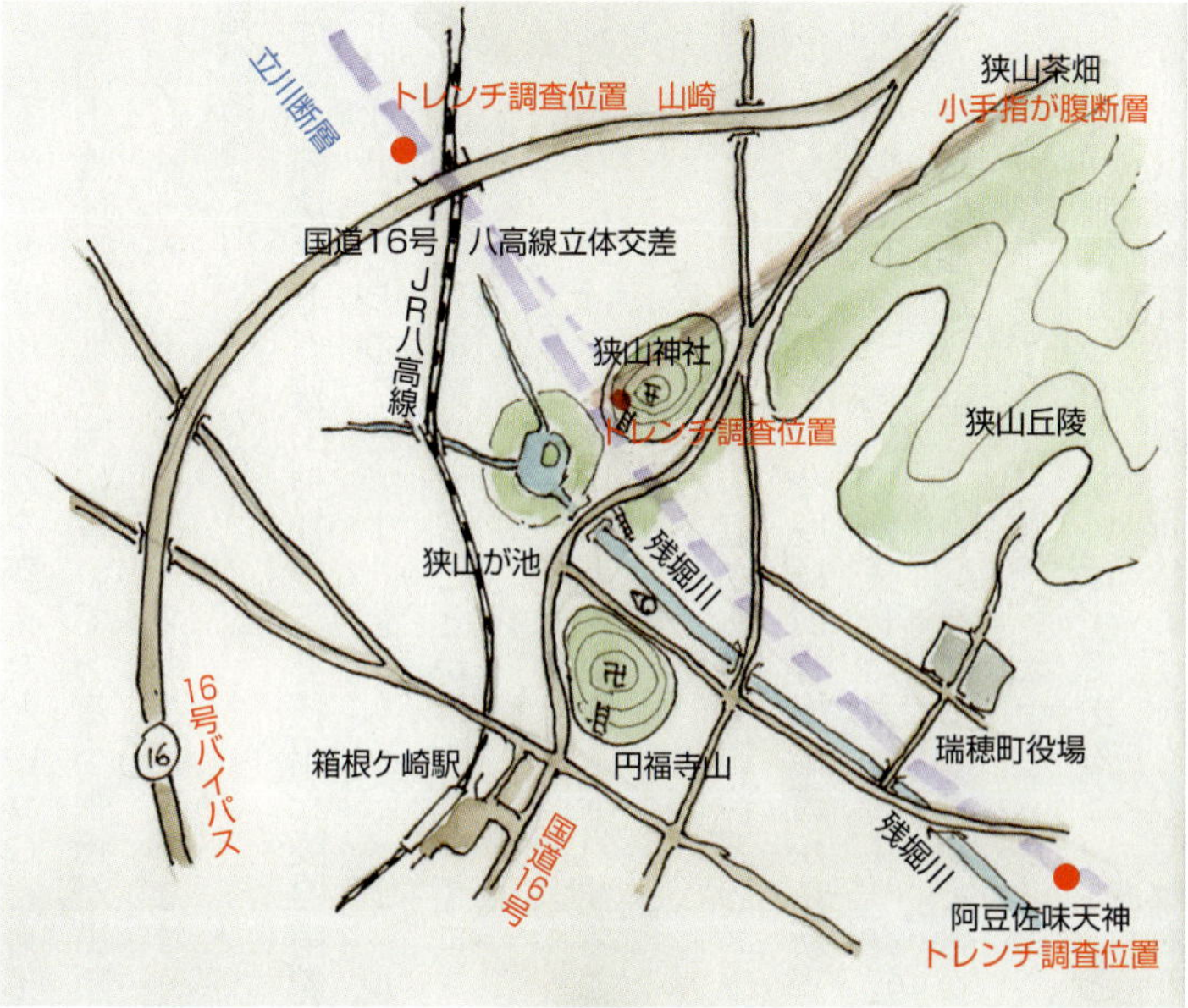

図５　東京都のトレンチ掘削

ということで、狭山が池は断層の隆起でできたもので多摩川の流れを変えたということも不自然、狭山神社で発見した横ずれ断層もすでに国土地理院の地質図に書いてある小手指が原断層と同じ断層で、立川断層ではないのではないでしょうか。トレンチは二カ所掘っていますが結果の公表は一カ所のみで、何か不都合な発見があって消したのでしょうか？

この続きがまた面白い。同じオバチャマ生徒からの注進で、狭山神社の下で狭山丘陵の南麓にある阿豆佐味《あずさみ》天神（殿ヶ谷）でもその参道を掘り出したとのことです。しかも五〇メートルにわたって深さ約二メートル。狭山神社の横ずれ断層の延長を確認することが目的で、超ロングのトレンチを掘り出しました。

しかし、残堀川の流路の痕跡が三カ所ほど見つかっただけで、立川断層の痕跡を発見することができなかったとのことでした。

さらに話は続いていきますが、阿豆佐味天神（殿ヶ谷）の旧青梅街道からの参道約五〇メートルでも発見できないので、少し曲がっているのかもしれないと、今度は旧青梅街道から新青梅街道までの間、やはり約五〇メートルの畑を借りてトレンチ掘削を延長したようです。総延長約一〇〇メートルのトレンチ掘削です。しかし、残念ながらここでも発見することができなかったとのことです。すなわち立川断層の痕跡は認められないという結論が出ております。

これらの研究については内緒でやったものであり、誰にもわからないはずであるということで、データから消してあります。なにやら森友加計自衛隊日報などと同じようなものではあり

トレンチは急な参道の階段横に横穴を掘るように掘られており、奥で 3m、手前は 30cm ほどの深さ、奥行きは 6m ほどで、縦ずるれ断層であとのことではあるがそのようには見えない。

図６　狭山神社（駒形富士丘陵）でのトレンチ調査現場

ますが、税金を使っての研究、悪かった結果も見せるのが義務ではないでしょうか。

また数百年前に動いた横ずれ断層であると結論していますが、数百年前にはこの付近にたくさんの人が住んでおり、五〇〇年ほど前など箱根ヶ崎という宿場町は交通の要所で、狭山が池には巨大な灯篭が旅人の行く手を照らしていました。八王子千人同心が日光に通うのもこの道を通っていましたが、彼らの記録にも出ておりません。そんなところで直下型大地震の記録が残っていないのもおかしいと思います。狭山神社の境内には、樹齢数百年の巨木がたくさんありますが、ほとんどが直立しており、断層で動かされた痕跡など見つけることはできません。古文書にも記録がないことを見ても、数百年前に直下型地震が本当に起こったとは考えられないことから、立川断層はないに違いないと思います。

このように、いずれの現場調査試験も何か隠し事があるようで、東京都や国家プロジェクトの研究結果などそのまま信じることはできそうにありません。

縦ずれか横ずれかになぜこだわるのかわかりませんが、彼ら地震学者は東日本大震災で日本列島が東側へのひずみが開放されたので、縦ずれの場合には立川断層が動きやすいと考えていることから重要であるとのことです。一方、横ずれ型については、日本列島を形成するときにフィリピン海プレートの一部である伊豆衝突帯という伊豆半島から箱根富士まで押し上げているプレートが動きやすくなり、今富士山がなにやら山体膨張の気配があるとのことで、その影響を受けて立川断層が動きやすくなるとのことです。多分いずれの仮定も間違いで、「第1話 地震発生のメカニズムの誤解」で書いたような地震は、活断層にひずみが溜まって直下型地震を起こすなどという間違ったメカニズムで起きると理解している地震学者の妄想に過ぎないと思います。そんな間違っている仮定に合理性のある理屈をつけようと、巨額の税金が使われているのを看過するわけにはゆきません。

横ずれ断層の典型例は、一九三〇年（昭和五）に北伊豆地方で起きたマグニチュード七・三の北伊豆地震であり、ちょうど丹那トンネルの掘削工事中に起きたもので、ずれた時の音の記述は残っておりません。すなわちじわじわとずれたものと想像できます。この地震によって横にずれた量は約二・五メートル、丹那トンネルも途中でずれて出水し、土工たちは急いで逃げましたが、断層の先の切羽にいた土工は帰路を絶たれとのことです。その上部の丹那盆地に溜っている水田やワサビ田やため池の水が全部なくなるまで約一六年間も工事がストップしたとのことです。今もその痕跡が函南の火雷神社の鳥居に残っています。横ずれ断層が瞬間にドンと割れて地震を起こしたのではないことが述べられています。

縦ずれ断層の典型は濃尾地震の根尾谷《ねおだに》断層ですが、第1話で述べたように地震発生の翌日むくむくと現れたとのことであり、活断層が動いて地震を起こすという仮定は明らかな間違いです。

箱根ヶ崎—玉川上水

狭山丘陵については、山岡昇平の小説『武蔵野婦人』にその生成の歴史など詳しく描かれており興味深いですが、その中央のくぼ地を堰止めて造られた狭山湖多摩湖は、羽村の堰と小作の堰から多摩川の水を取り入れています。まさに太古に戻って古多摩川が復活したようなことになっています。狭山丘陵の南麓の西端には残堀川が流れていますが、一キロほどで丘陵から離れて南下しております。その代りに空堀川がハケの水を集めて小川となって現れ、古多摩川の流路に沿って荒川方面へ流れ下ります。このように狭山丘陵の南斜面は、富士山を望み上昇気流が起きて、木々が茂り野鳥が遊び、温暖で豊かな湧水に恵まれていることもあって、古来より文化が栄えどこを掘っても遺跡が出てくる文化村となっていたようです。現在は公共交通の発達が遅れて、開発があまり進んでいないことが自然の保全に役に立っており、狭山丘陵全体が自然公園であり、狭山湖や多摩湖を巡る道路はサイクリングロードとして整備され、西武球場や屋内スキー場、ゴルフ場ほかホテルやら遊園地など、まさに首都圏住民の憩いの場として整備されています。

南麓は、軒を接するように神社仏閣が並んでおり、円福寺《えんぷく》、狭山神社、阿豆佐味天神（殿ヶ谷）、福正寺《ふくしょう》、禅昌寺《ぜんしょう》、滝の入不動尊、十二所神社《じゅうにしょ》ほか、それぞれ皆綺麗に整備されています。特に正福寺は、その地蔵堂が国宝として大切に保存されており、スケッチや写真家のメッカとなっています。

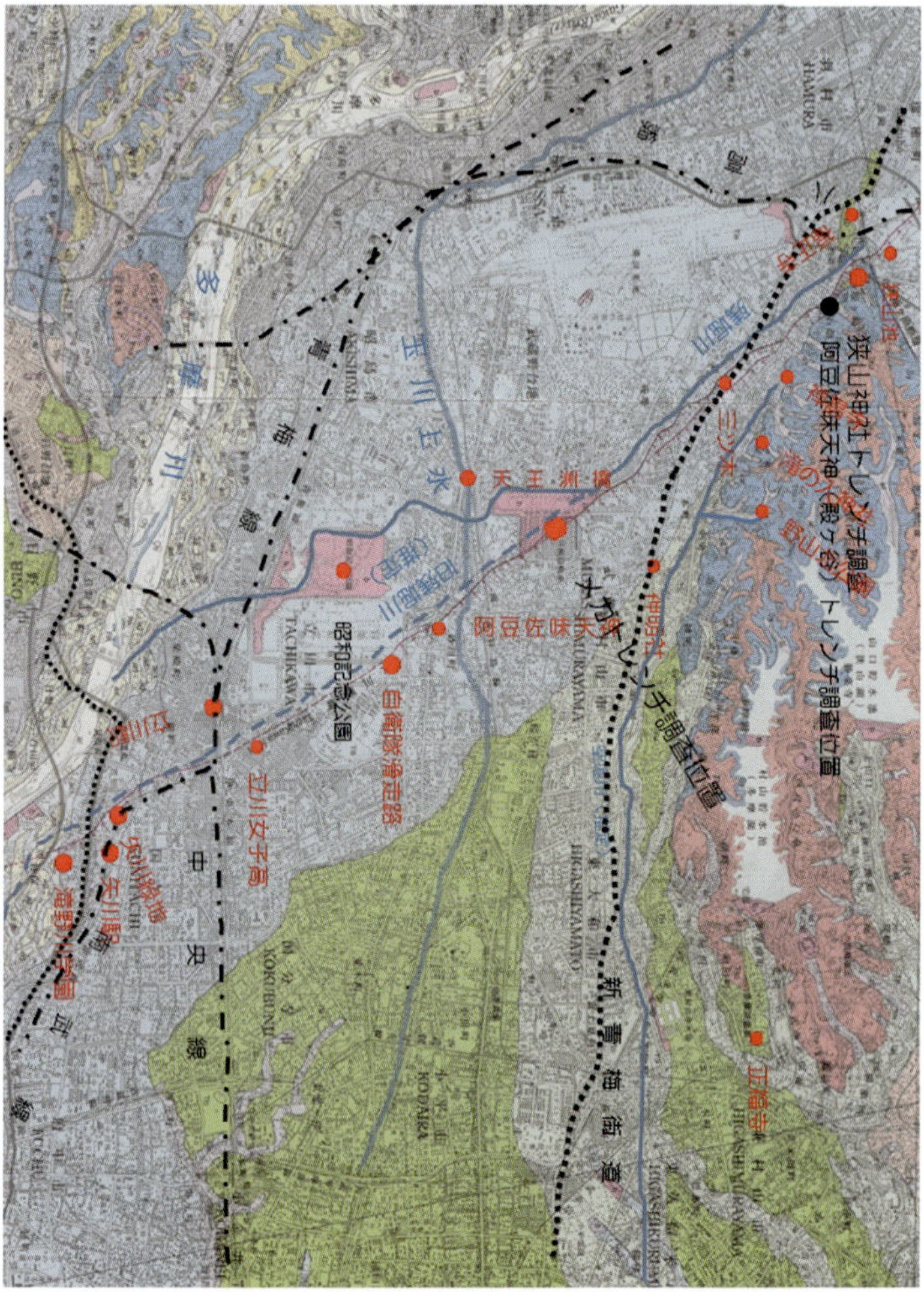

図7　青梅地域の地層（国立研究開発法人 産業技術総合研究所　青梅地域の地層に筆者加筆）

空堀川は、狭山丘陵から流れる野山北公園の湧水を源流として荒川方面へ流れ出ており、天然温泉の日帰り温泉施設や歴史民俗資料館なども整備されています。これは地中に断層が入っている証拠であり、その恵みで天然温泉が湧いています。

多摩湖の堤防を造るために多摩川の砂利を羽村から運びましたが、その専用のトロッコ道が整備され、これも自転車専用のサイクリングコースとなっていますが、季節には桜のトンネルとなります。

狭山丘陵の西端を離れ東南方向へ伸びる立川断層は、多摩川の沖積平野をゆるやかに弧を描きながら立川市街へ向かいます。等高線の入った地質図に重ねてみると、多摩川の河岸段丘である国分寺崖線とほぼ平行となってしかも等高線のくびれに沿って走っています。このくびれが残堀川の流路の痕跡であり、残堀川は古多摩川の残滓でもあります。この地図を描いたのは『東京の自然史』『東京都 地学の

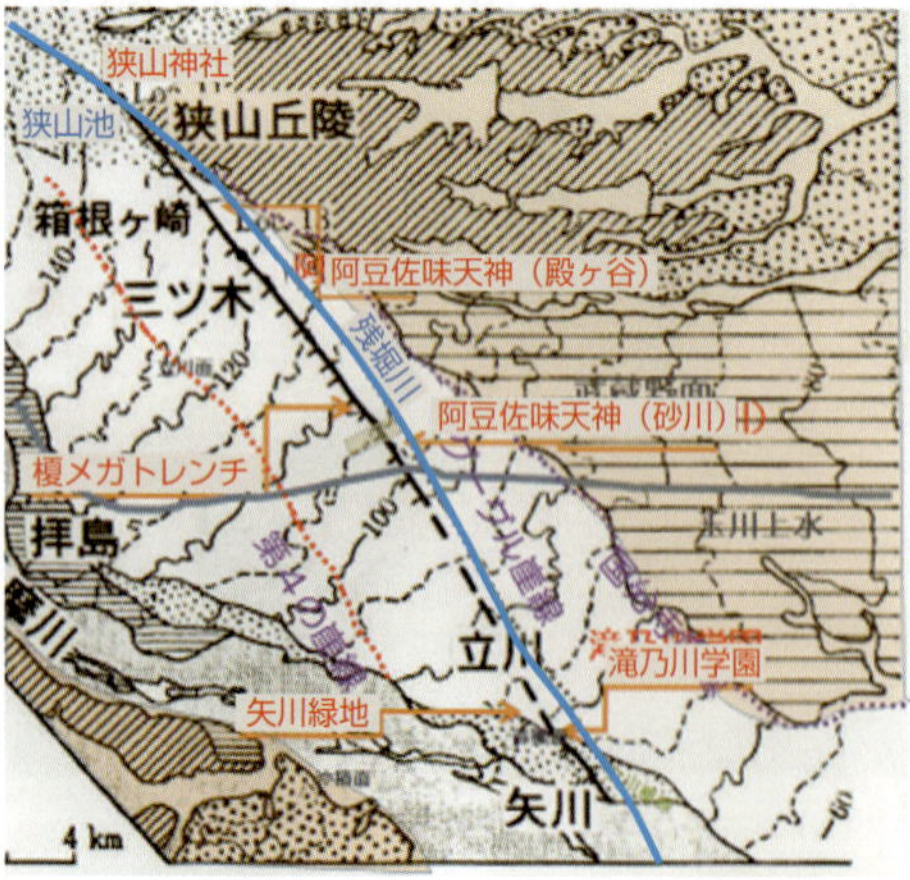

地質図には細かく見ると4本の河岸段丘があり、その最大のものが野川のハケの湧水群の国分寺崖線。

その東にはGoogle地図での崖線があり、さらにその東に国土地理院のいわばオフィシャルの立川断層線がある。

最も西側には第4の崖線がある。

いずれも多摩川の歴史の痕跡であり徐々に東進し、現在の多摩川の流れになったものであろう。

図8　東京の地質図　貝塚に筆者加筆

ガイド』という名著の大地質学者、貝塚爽平博士であり、立川断層などという名前がついていないころの大先生です。しかし不思議なことに、立川断層の研究会が国家プロジェクトとして研究が始まるときには、プロジェクトメンバーに入っていました。彼が実質的にリーダーシップをとっていたら、立川断層といわれる崖は活断層の隆起でできた崖線ではないことを主張して、若い地震学者を諫めてくれるはずではありましたが、たぶんご高齢で名前だけメンバーに登録することで、若い地質学者や地盤工学者の正論を抑えたのではないだろうかと思われます。

　地質学者や地盤工学者が見れば、この崖線は明らかに多摩川の河岸段丘であり、活断層であるはずはないことは一目瞭然で

図9　メガトレンチ調査の範囲

す。現在、この付近の残堀川は人工的に堀割となり、両岸はコンクリートの堤防となっていますが、それまではのどかな自然堤防の小川であり、その周囲は畑が広がっていました。

立川断層は、南下して新青梅街道とは三ツ木付近で交差するはずです。しかし、新青梅街道のどこを見ても、東側隆起の坂道らしいところは見つかりません。新青梅街道が残堀川を渡る青岸橋付近では、橋の上から富士山を望むことができることから、西に向かって僅かに傾斜がついており、多摩川の沖積平野であることがわかります。新青梅街道の三ツ木の交差点より少し東に寄った北側に、お伊勢の森 神明社というお社がありますが、この森にも僅かな斜面らしきものが見えたので立ち寄ってスケッチしながら周囲を踏査しました。後日、地図で調べたら、この傾斜地の北側には古多摩川の痕跡である空堀川があり、この傾斜地は国分寺崖線の始まりであるとの説がありました。すなわちこの付近が多摩川と荒川の分水嶺となり、立川断層といわれる崖も国分寺崖線も同じ多摩川の河岸段丘の一つであることが明らかです。

立川断層は残堀川に沿って南下しますが、残堀川の沿岸はよく整備され、ところどころに休息所を兼ねた公園がついており、サイクリングしながらの踏査は気持ちがいいものです。残堀川に沿って南下する立川断層は、三ツ木を過ぎると三ツ藤町に入り、すぐ横には広大な旧日産村山工場となります。この付近から残堀川は人工的な開渠に変わり日産工場の塀に沿って直線になって南下しています。

旧残堀川はこの旧日産村山工場の敷地を通っていますが、現在この工場跡地は真如苑《しんにょえん》という宗教団体のものとなって開発が進んでいます。

国家プロジェクト「立川断層における重点的な調査研究」は、立川断層が震源となって地震を起こす危険性について調査研究をしていますが、この広大な工場敷地跡を使って、巨大なトレンチ掘削をして、立川断層を目視確認しようと巨費を投じて予備調査が始まっていました。

終戦直後の米軍の航空写真やボーリング地盤調査、旧日産の工場、テストコースとの既存構造物との関連ほかを調査して、図9・図10のように、長さ二五〇メートル、幅三〇メートル、深さ一〇メートルの範囲のメガトレンチ調査を実施しました。

二〇一三年二月一〇日、立川断層が確認されたとして「榎メガトレンチ調査公開見学会」がプロジェクト主催で開かれ、富士山がよく見え冷え込みが厳しい早朝より並んで参加しました。写真を写したり説明員の説明を聞いたりしてスケッチも楽しみました。図10のスケッチはそのときに描いたものですが、写真ではとても表現できない細部に至るまで描いており、残堀川の流路痕跡の右手前に河岸段丘（赤字）がはっきりした崖線として現れていました。

説明員も学生アルバイト程度で、頓珍漢でほとんど質問には答えられませんでした。結果として大チョンボ。立川断層発見の大ニュースも日産工場の杭の跡で中からH形鋼の跡が出てきて、東大震研をはじめとして地震学会の学問レベルの低さが露呈され、彼らが判断している原発の安全審査まで信頼性を失うことになりました。

メガトレンチの掘削時点で大量に出てきたであろう工場建屋の杭の残骸などまったく見てい

ないで、掘りあがったメガトレンチの壁面だけ観察して鬼の首を取ったような立川断層発見の発表には開いた口が塞がらないほどびっくりしたものです。散々新聞などで叩かれていました。

掘った後はどのように埋め戻すのかわかりませんが、元の地盤の強さまでは到底戻ることはなく、そのときに被害補償などの問題は起きないのだろうか？　などと民間人はゲスなことを考えてしまいます。

それでもまだあきらめないで「メガトレンチといえども僅かに一〇メートルの深さであり、活断層は約一〇キロメートルの深さまで伏在断層として続いているので決して防災準備は怠りなく」とのご託宣が最終的な結論でした。

立川断層線は、メガトレンチの日産工場跡地を出ると西武拝島線を横切ります。ここにもはっきりした傾斜地があり、立川断層であるとの解説が

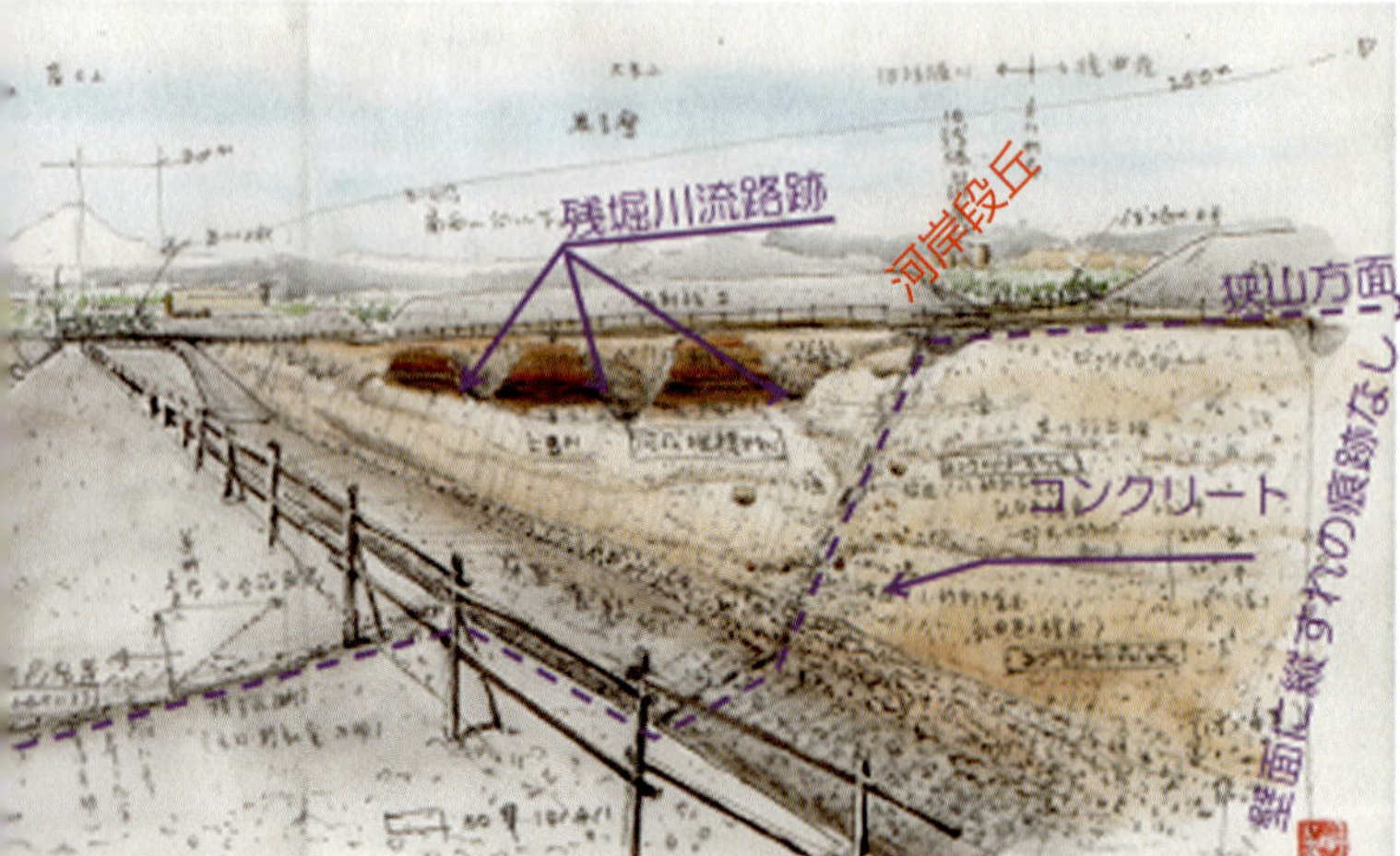

あります。西武拝島線の盛土高架軌道を越えると、玉川上水に突き当たります。

玉川上水 ― 立川駅

玉川上水は江戸幕府の命を受けた玉川兄弟が一六五三年正月に着工、羽村から新宿御苑までの四三キロをなんと八か月で通水したとのことです。途中には拝島橋近くで沖積礫層である水喰らい土の出現やら、取水位置の変更やら、残堀川との平面交差の助水工事やら、現在の土木技術をもってしても不可能であるような難工事をこなしています。

玉川上水の行く手を遮り、ぶち当たった斜面を玉川兄弟は活断層で隆起した崖線であるとは想像もしていなかっただろうと思います。

立川断層といわれている崖は、多摩川の河岸段

榎メガトレンチ調査
250m×30m×10m(深さ)
①残堀川は流路を幾筋も変えている
②中央の乱れは杭地業の跡
③その下の礫層は水平堆積
④掘削底面にはずれ跡なし

横ずれ断層の痕跡は，掘削底に出るはずであるのに、まったく調査されていない。

図 10　榎メガトレンチ調査公開見学会でのスケッチ

丘であり、残堀川の河床堆積物が発見されています。すなわち、残堀川を玉川上水の助水として利用するための平面交差は、この付近でいわゆる遊水池のようなよどみを造り、玉川上水と合流させて河岸段丘の斜面を左岸として新たに右岸を造成することで、玉川上水は見かけ上は崖面を登って東進したのではないだろうか、と想像しております。

それを裏付ける看板が図9の地図の囲みにある「残堀川旧水路跡」（判読しにくい）に示されています。定説となっているさらに上流の天王橋近くであるとの根拠は、当時のスケッチですが遠近法もなくモティーフを好きなところに描く日本画の画法であり、まったく合理性に欠いています。その後、開発が進み残堀川の汚染が進んできたので助水としての役割は終え、玉川上水とは立体交差となります。玉川上水工事が立川断層にぶち当たったときも、この崖面を乗り越えるために大曲で迂回しています。そこが、ちょうど西武拝島線を越えた地点です。玉川兄弟は迂回するに当たって断層での隆起であることを知っていたのか、防災のための竹林を造り、竹林の中に金毘羅様を祀り安全を祈願し、そこに架かる橋の名前は金比羅橋であると話を面白くしています。その金比羅橋の南詰から分水される砂川用水によって砂川村を一大農地に作り上げた砂川氏は、立川断層が直下を通るといわれている阿豆佐味天神（殿ヶ谷）を砂川村にも遷移し、阿豆佐味天神（砂川）を造営しています。

でも、なんという不思議！　その阿豆佐味天神（砂川）も立川断層の直上に建てられています。阿豆佐味天神（砂川）の境内まで南下すると、崖面は見えなくなり敷地全体に傾斜はなく平らで、地震では不安定な巨大な板碑が立っていますが、地震での被害はありません。関東大震災でも被害がなく無傷であったのに、突如として立川活断層が足下に通っているとの話に神主はびっくり仰天。しかも親元である殿ヶ谷の阿豆佐味天神も、同じ直下に地震の巣が埋まっているとのことにただびっくりするほかはありません。ただし、この神社でのトレンチ掘削はやっていません。

立川断層は、さらに南下すると立川の市街に入ります。地質図には市街地では確認できないということでマークは点線となっていますが、地震学者は自衛隊の立川基地をかすめて立川女子高校のわきを抜け、中央線を渡り南武線沿いに南下すると主張しています。

しかし、自衛隊基地では滑走路の一部を横切ることで、極秘裏にトレンチ掘削をしたとのことですが、その痕跡を見つけることができず、そのまま埋め戻しているとのことです。さらに立川女子高校の東側の塀沿いの坂道が立川断層であるとのご託宣ではありますが、校内敷地では平らになっており、その痕跡を見つけることはできません。

立川駅―多摩一の宮

南武線が中央線の高架と別れてカーブに入ると、右側の窓からの眺望が開けてきますが、これは立川断層の断層上を走るからであるとのご託宣です。これも本当でしょうか？　ＪＲ南武線の立川駅を出て右へカーブすると西国立駅となります。さらに次は矢川駅ですが、その手前にまた大きく左へ曲がるところの右側に大きな森が見えてきます。ここは矢川緑地保全地区といわれる緑地帯であり、立川断層で隆起してできた、という絵付きの説明看板が園内にあります。しかし、付近は矢川の源流で湧水源があり、いわゆる河岸段丘特有のハケの湧水群のあるところです。立川断層での隆起でできた崖地なら、地層がバウムクーヘンのように曲げられているので、帯水層である礫層が露頭することなく地中に丸く埋め込まれてゆくだけであり、斜面からの湧水はありません。すなわちこの崖地は、はっきりと立川断層の隆起ではないことが裏付けられています。

　この斜面下付近から多摩川の沖積地となり、また地質図からは立川断層の存在

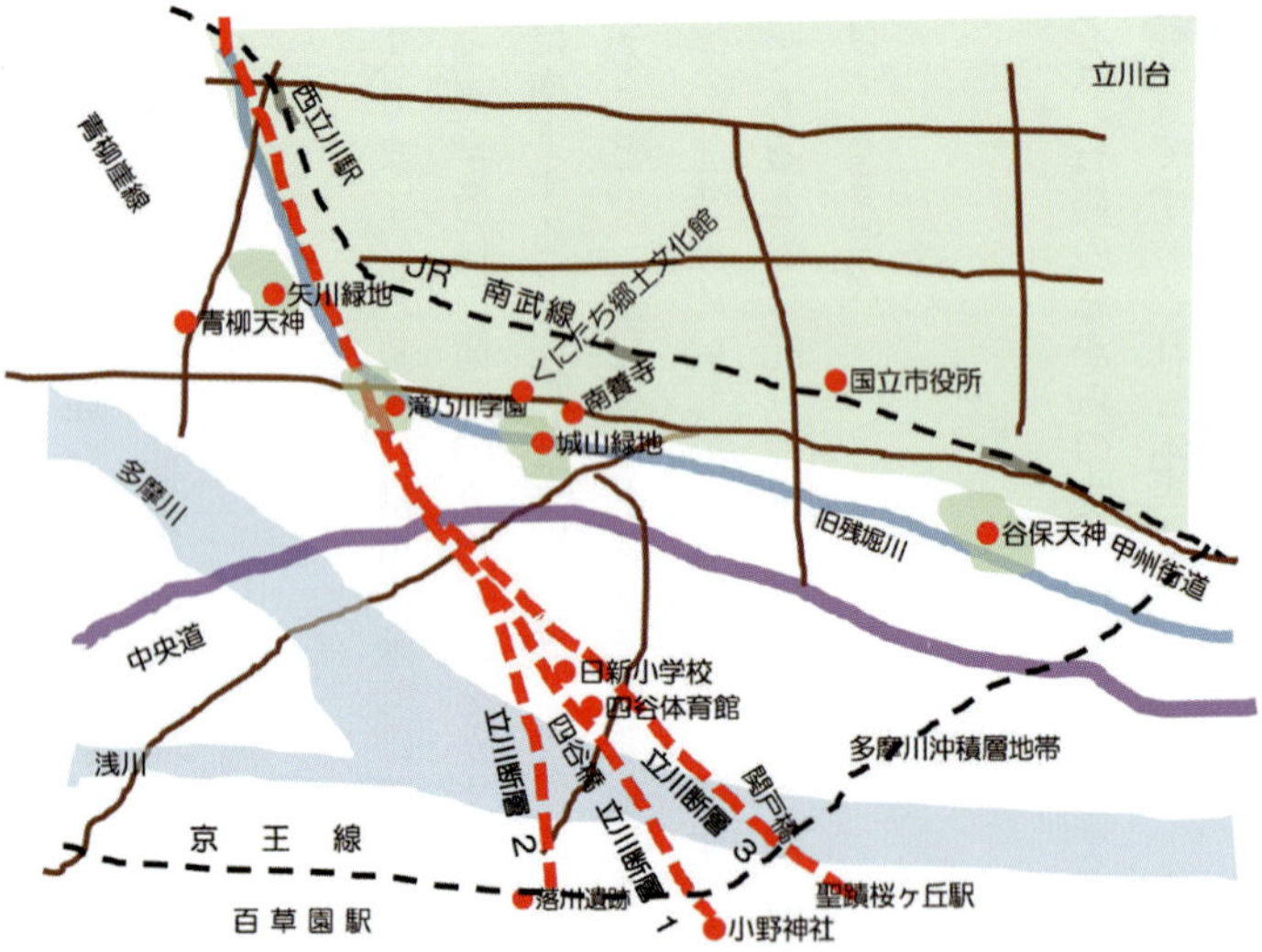

図 11　立川周辺の地盤に断層はあるのか

は不確かとなりますが、その境界の斜面を利用して障害者施設である「滝乃川学園」があります。そのほかにもこの傾斜地には「くにたち郷土文化館」や「南養寺」などがあり、敷地内には小さな開析谷が生まれており、地質学的には典型的は「谷頭」地形を見ることができます。すなわち傾斜地に現れる数本の崖地はすべて開析谷であり、小川の赤ちゃんが小川に育ち始めているところであり、地質学者の目にははっきりと断層の隆起ではないことがわかります（図11）。

断層の調査を通じて知り合った障害者施設の滝乃川学園では、都内での直下型地震時の避難施設としての利用を要請されていましたが、自分のほうも立川断層の真上に建っており、危険状態だとのことで、条件付きで了承されていたとのことでした。また、成人棟施設のリニューアルの際には、免震構造にするか検討の相談を受けましたが、立川断層による被害の危険性はないので安心して普通の工事でコスト低減を図るべき、とアドバイスしたものです。

滝乃川学園内を通る開析谷が立川断層の痕跡ではない証拠に、開析谷の両岸の標高が同じ高さにある点も挙げられます。地震学者はこのような地質学的な知識が欠如しているので、崖を見るとどこでも断層線であると勘違いし、地震の巣が埋まっていると不安をあおっているように思えます。立川断層の上に住んでいる人は引っ越しを考えていますが、安く叩かれているのでそれもできないと嘆いています。地震学者と地質学者ではその説得力が違います。片や大きな打ち出の小槌を持っており、大量の税金をつかいメディアを動員して衒学的に表現できますが、われわれ地質関連の学者には何もなく、止むなく地震学者が集めた大量のデータを読み返し、咀嚼することでその誤りを正していく程度で、その影響力はまるで大人と子どもの違いです。老地質学者がいくらまともなことを言っても、有名大学の若い教授のほうが説得力はあります。

立川断層はさらに南下すると多摩川にぶち当たりますが多摩川左岸では府中四谷橋の北詰付近であったり、府中五本松付近であったりはっきりしません。付近をいくら徘徊しながら痕跡を探してもまったく見つけることはできません。地震学者の目には見えるのでしょうか？　不思議でなりません。

地震学者の目には、立川断層は多摩川を越えて武蔵の国一ノ宮の小野神社へ達しているのが見えているようです。あるいは京王線の百草園駅と四谷橋の中間の落川遺跡群のところかもしれない、またその翌年にはずっと東の関戸橋へ行っているのかもしれないと、多摩川右岸の地震探査の測線を、百草園から関戸橋までとって詳細な地盤調査を行っています。

四谷橋の取り付け道路の掘削工事で現れた落川遺跡付近では、はっきりと断層跡を発見したとのことでした。しかし、その痕跡たるや深さ方向に円弧となっており、断層の痕跡であるとは到底納得できません。付近は大栗川や浅川との合流地点で、落川遺跡も集落ごと全部水害で流されるという河川の乱流地帯です。五〇センチぐらいの河床の乱れなどどこにでもあり、今でも大雨となると洗堀が起きています。

地震学者はこれにも反論して、なんと液状化の痕跡ではないだろうかと言っています。この程度の認識の地震学者が立川断層のメガトレンチやら原発の安全性判断の委員となっているのでは、本当に恐ろしいことです。地下水はあっても溶存ガスも砂もありません。ここは河川敷内の礫層です。

なお、落川という地名は落合などと同じように川の合流地点を著しており、ここも浅川、多摩川、大栗川の三河川の合流地点で、大水のときには乱流となり洗掘されやすい地域でもあります。地震学者さん知っていましたか？

立川断層は確認されない

これら一連の立川断層研究に、三五年間で約一兆円の税金が投じられているとのことです。結果は何もない！　毎年毎年意味もないテーマを見つけては、打ち出の小槌を振り回して予算を分捕り、偉そうに学者生活を続けているのを見ると腹が立ちます。

二〇一五年五月、東大震研の教授は立川断層研究の総括報告で、立川断層帯の北の名栗断層と立川断層の内の狭山丘陵以南ではその痕跡を見つけることができなかったので、地震活動が起きたとしても規模は小さくなるはずであると結論しました。しかし、これはあくまでも個人的な結論であり、最終的には政府の地震調査会が決めることであると逃げていました。仲間の地震学者からも評価はあまりよくないようで、その後また立川断層の存在は復活していたようです。

メガトレンチであまりの技術レベルの低い地震学者の研究を見てすぐに「立川断層　本当にあ

るのか?」というパンフを作り、エッセイを私が所属する立川国際カントリーの会報（二〇一四年夏号）に載せ、さらに山梨県小菅の湯ギャラリーでは同テーマで個展（二〇一四年五月）、立川市の市民ギャラリーでは同テーマで個展（二〇一四年七月）、ほかに、日野市、立川市などでも個展で「立川断層本当にあるのか?」をテーマに、作家のトークと称して講演会を開くなど啓蒙行脚を始めています。

新聞や雑誌に投稿しましたが、すべて不採用。直接影響の大きな青梅市から東村山町、立川市、国立市、府中市、多摩市、日野市などの市長へ論文の要旨をダイレクトメールで送りつけ意見を伺いましたが、何度出してもなしのつぶてで返事がきません。市役所の担当官からは「行政としては政府委員会、あるいは国家プロジェクトからの結論に従い、これを行政に反映するほかはない」との回答です。当然であり、止むなしです。

それでも、しつこくダイレクトメールの攻勢をかけてみると、面白いもので「市長が一人で持ち歩いて読んでいる」「市長や担当官から地震学者にもお願いして内容を検討した」「地震学者の講演会活動で、市民へ直下型地震の怖さを認識してもらっているので、それに反駁するような意見を聞くわけにはゆかない」「地震学者と相談している」などの反応がぼちぼちと返ってくるようになりました。地震学者からは直接のレスポンスはありませんが、たしかにこのレポートは行政を通して伝えられている様子でした。多摩市長からは勇気ある回答で、「面白い話、市報で紹介する」と最後には市長のコーナーでこの話が掲載されました。

一方、広報活動も含めて、スケッチを文字と同様に表現手段としたスケッチ論文「立川断層本当にあるのか?」をとうきゅう環境財団の助成金研究に応募しようと知り合いの専務理事と相談すると、「環境問題が主題であるのでなかなか難しいと思うが、この頃は幅広いテーマも採択され始めたので挑戦してみたら」と応援されました。

その財団の主催している助成金研究に応募しましたが、担当した審査の先生がなんとも困ったもので「立川断層ありき」の主流派の大先生。それでも研究者としては自分の主張を曲げることはできないので応募を取り下げなかったら、事務局の専務理事よりテーマ名を変えて「立川断層 本当にあるのか?」はサブテーマとして表に出さないようにとの大岡裁きをいただき、了解して研究論文の作成に入りました。完成した論文は「淡彩スケッチで表現する多摩川流域の地質地形遺産の特徴とその発表方法—立川断層 本当にあるのか?—」(とうきゅう環境財団助成金研究 VOL.三七 - NO.二二二)です。

とうきゅう環境財団の論文が上梓され、京王線聖蹟桜が丘ギャラリーでの個展を「立川断層本当にあるのか?」をテーマとして、スケッチ約五〇点とスケッチ論文も展示し、パネルディスカッション的な展示会場としました。その初日、なんと論文が盗まれてしまいました。当時ギャラリーには盗難防止の防犯カメラがないので誰が盗んだのかわかりません。その事件があってか、今年はカメラが設備されていました。

その個展会場でも選考委員の大先生は大声で立川断層ありきのご自身の論旨で攻撃してくる

し、個展最終日には若い地震学者が同じような意見を大声で理解できないような論旨をぶつけてきました。どうして静かに議論をできないのでしょうか？　声を荒げ、口角泡を飛ばして相手を威嚇するようなしゃべり方は決して真理の追及にはなりません。あくまでも水彩スケッチの個展会場では静かに絵画を鑑賞していただきたい。ほとんどの人は静かに見ているのに迷惑千万でした。

いろいろな事件がありましたが、最近になってメディアは静かになり、熊本地震や南海トラフ地震の話は下火になって、立川断層の話はほとんど出てこなくなりました。しかし、二〇一七年九月二日、NHKスペシャルの防災特集「都市直下地震新たな脅威　長周期パルスの衝撃」は、超高層マンションが危ないという恐ろしいシミュレーションの放映がありました。その中で大阪上町断層と東京立川断層が震度七の長周期パルスで被害が起きるかのような話があり、復活してしまいました。ですが、長周期パルスという地震波の発生は浅い震源の直上で起きるのであって、立川断層は河岸段丘であることからその危険性はないものと思います。

第3話

小河内《おごうち》ダムの安全性は？

多摩地域の地質構成

東京都土木技研の奥多摩の地質図を見ると、断層線は南側の秋川《あき》流域は水平に、東側は垂直になっており、その中間は五日市《いつかいち》を要として扇を開いたように配置されています（図1）。

扇形になった原因は日本列島の誕生にさかのぼりますが、日本列島は大陸から引き離されるときに、フォッサマグナの西側は時計回りに大陸から遠ざかっていき、東北日本は逆に千島《ちしま》列島を中心として反時計回りで大陸から引きちぎられて離され、フォッサマグナの谷間である糸静線以東と群馬県下仁田《しもにた》を通る棚倉構造線以西の主に関東地方は、太平洋プレートとフィリピン海プレートの合流地点である伊豆衝突帯といわれる伊豆諸島海底火山嶺が速いスピードでフォッサマグナを南から埋め戻すように潜り込んで、東北日本と西日本がつながり今の日本列島ができたとのことです。

このことから、北関東は隆起し、奥多摩地方の地質構成は太平洋プレートの付加体のうち最も古い北部秩父《ちちぶ》帯はほぼ南北まで垂直に曲げられ、その間に押し付けられ新しい四万十《しまんと》帯はそのまま水平に東西方向に堆積したままとなっています。その間の南秩父帯が扇の骨のように五日市を要として徐々に勾配をきつくして、ちょうど右の手のひらを開いた指のような地層分布となっているとのことです。

いずれにしても奥多摩地方の山々はすべて海底堆積の石灰岩や硬いチャート、あるいは浅い海底での泥岩や砂岩などの堆積岩の互層が隆起して造られたものです。

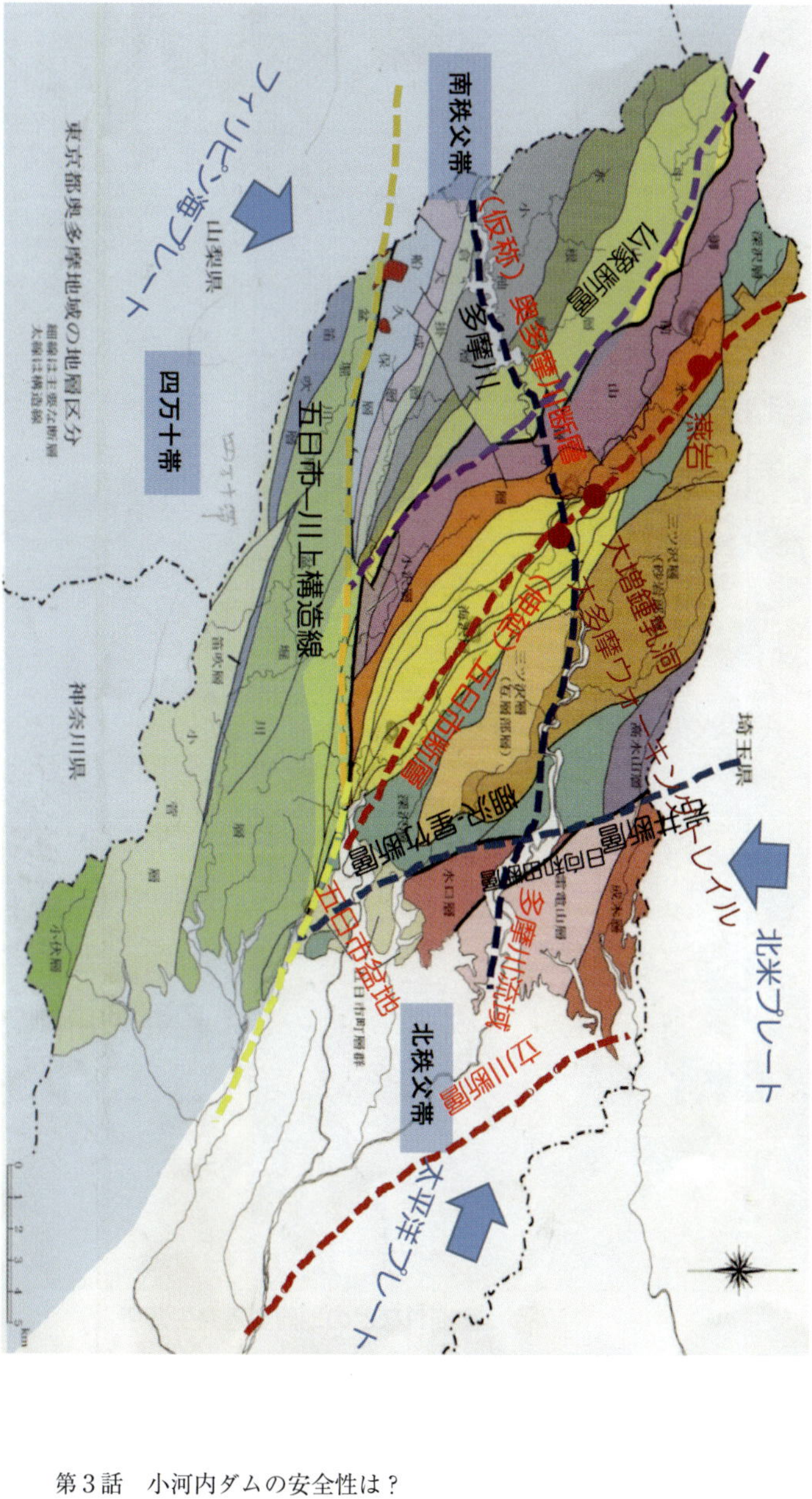

図１　多摩の地質図　多摩地域の地質図と主な断層　東京都土木技研　筆者　断層線加筆

● 崖崩れなどの地盤災害発生個所

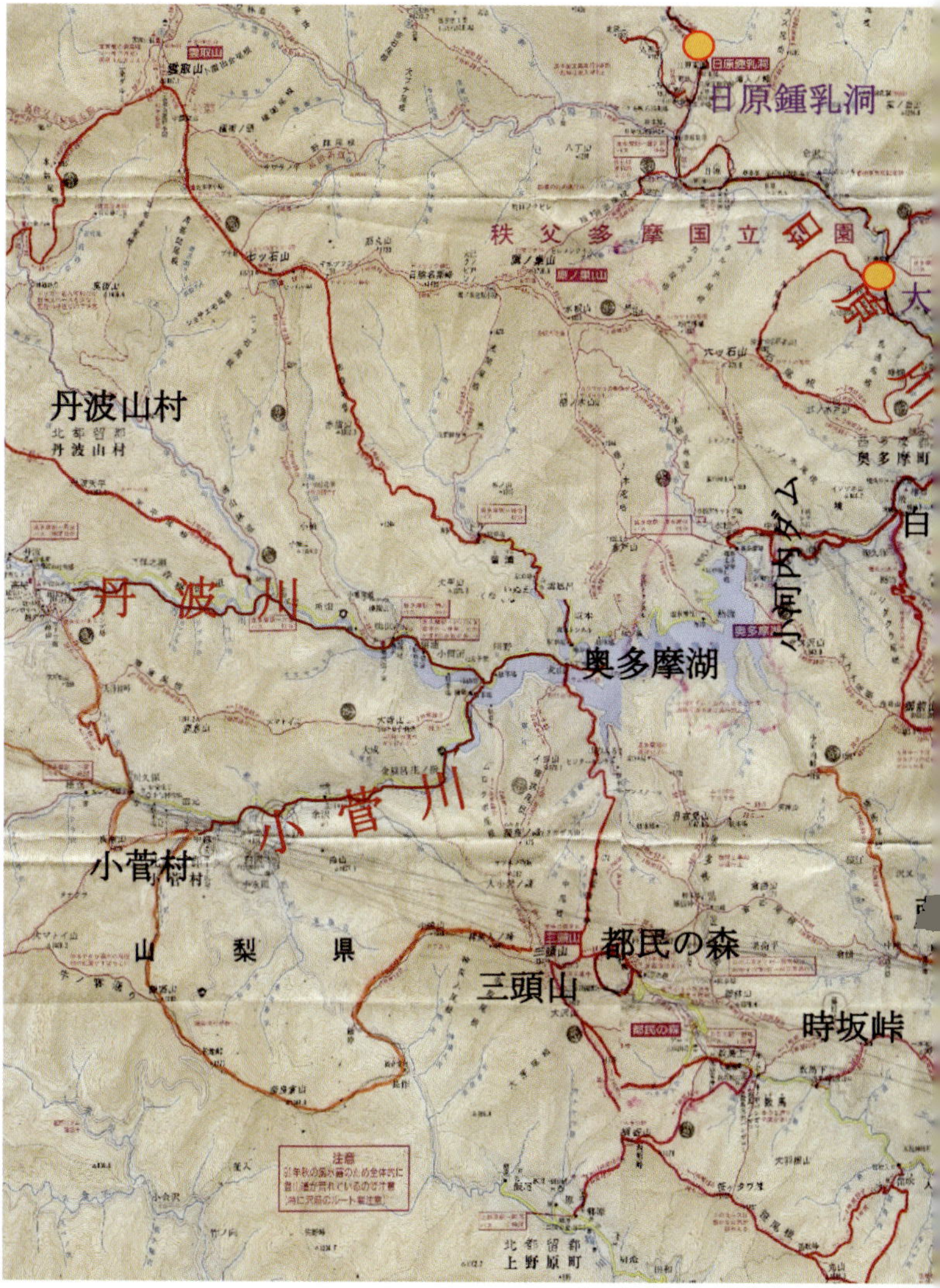

昭文社マップ 1/50000 に加筆

図2　奥多摩踏査足跡

奥多摩での政府地震調査会認定の活断層は、第2話で書いた立川《たちかわ》断層と五日市断層であり、巨大な五日市—川上構造線は活断層としては評価されていません。構造線と呼ばれる断層は、例えば中央構造線、糸静構造線など日本列島を縦横に分断するような巨大な断層ですが、断層の痕跡が見え隠れして連続的ではない断層のことです。いずれにしても断層線は藤田和夫博士の名著『日本列島砂山論』で書かれているように、縦横無尽縦横斜めにクラックが入り込んでおり、東京都土研の断層図に示す主な断層線のほかに微小な断層が無数に入っています。

この無数に入っている断層クラックが地震力を弱め、地下水を温め温泉を造り、鉱物資源を集めるという有用な役割がある一方、活断層と呼ばれている地震が来ると動きやすいあるいは集中して動く断層があることで、すべての断層が悪者扱いとなっています。

東京都土木技研の地質図では、小さい文字で地層の区分境界には断層名が書いてあり、かなりグチャグチャとしていることがわかります。

ハイキングかたがたスケッチブックを持って景色の良いところ、断層と思われるところ、生活感のあるところ等々、立ち休みや昼食時などいわば手あたり次第に奥多摩を描き続け、一五年間で約四〇〇キロは歩いて描き溜めたスケッチは三〇〇〇枚を超えています。歩いてみると断層に沿っては歩きやすい尾根や沢が続くので、たくさんの足跡が残っていますが、断層に直角ではアップダウンが激しいのであまり残りません。

五日市ー川上構造線

一番目の断層である五日市―川上構造線は、東京都土木技研の地質図では五日市の沢戸橋《さわど》付近を起点として十里木《じゅうりぎ》を通り秋川に沿って西進し、都民の森の三頭山《みとうさん》を抜けて山梨県側に入っています。断層線に沿って歩いてみると、沢戸橋の東は五日市のシンボル的な城山という優美な小山がそびえています。その山稜の左肩が少し落ちており、その落ちたところが断層線であるとのことです。沢戸橋を出て造り酒屋の前を左折して西戸倉の集落を抜け小学校の脇を通っていくと、樹齢四〇〇年といわれる光厳寺《こうごんじ》の山桜が急傾斜地に立っています。この山桜はかなりの老木であるということで、急傾斜の崖下から長い鉄骨の支柱で大枝が支えられていました。しかし、東日本大震災の揺れで小さな地滑りが起き、支柱の根元が滑ってしまいました。そこで、斜面の補強としてソイルネイル工法といって、斜面から長い鉄筋を差し込んで斜面の地盤の強度を増強する工事が行われていました。大枝が剪定されてしまってかなり小ぶりとなりましたが、地盤の補強工事が行われていたので、今後は回復して見事な花を咲かせてくれることでしょう。

光厳寺の脇を通り裏山へ行くと胸がつかえるほどの急登であり、スニーカーできたことを悔やむほどでした。やっとの思いで登りきり、振り返ると南側は砂岩と泥岩の互層の四万十帯であり北側は石灰岩で岩種は明らかに違っており、たしかに五日市―川上断層が走っていることが確認できます。山頂から五日市の市街地を見下ろすと五日市の市街はガイドブックのとおり五日市湖の跡にできた盆地で、西戸倉橋よりはるか八王子方向まで断層線らしいものが見えます。

城山を西方向へ下ると十里木の里に出ます。ここには落合橋がかかっており、ここから北方向は養沢《ようざわ》川となる合流地点です。付近はキャンプ場をはじめ釣り場など季節になると若者の歓声で大賑わいとなります。さらに西下すると、あきる野市営の天然温泉「瀬音《せおと》の湯」という大きな日帰り温泉施設があります。天然温泉があるということは断層が走っている証拠でもあります。

さらに西下し檜原《ひのはら》村に入り、その村役所のある本宿《もとじゅく》のT字路を右へ行くと名瀑「払沢《ほっさわ》の滝」があります。この滝も五日市—川上構造線の贈り物で、冬には完全結氷することもあり年間を通して賑わっています。さらに西下すると、五日市—川上構造線は山稜に入ります。その山稜は浅間《せんげん》尾根といわれ、旧甲州街道として五日市から甲州方面への峰道が続いています。馬車が行き違いできるほどの広さで両側には山桜の並木が残っているところもあり、石畳の跡も

沢戸橋　秋川上流方向　城山　秋川下流方向　崖崩れ発生地点

見つかります。人里《へんぼり》集落の上付近の時坂《とっさか》峠には野球ができるほどの広場がありますが、これは二重山稜といわれる地質学的には特殊な地形です。どうしたわけか、この広場には草は生えるが木が生えることがなく古くから謎のことです。また、この付近の地名は読みにくいものが多くあります。払沢、人里もそうですが、笛吹《うずしき》、事貫《ことづら》、数馬《かずま》などなど。その数馬の里には今でも兜造りの茅葺き屋根の家が集落として残っており使われています。元は養蚕農家であり屋根の上には換気用の子屋根が付いています。数馬の集落にも天然温泉があり、兜造りの茅葺き屋根の家がそのまま温泉旅館「蛇の湯」に改造されています。

　巨木もたくさんあり、山頂近くの藤原集落には国の重要文化財である茅葺き屋根の家の小林家住宅が復元されており、その裏にも田野倉家住宅がいまだ現役として使われています。これらの集落の生活用水が、田野倉家の裏山の大杉の根の中から湧き出しており、天下の名水として知る人ぞ知る甘露な水です。彼らの生業は広大な家に大家族で生活し、養蚕業や林業、炭焼きなどをやっており、馬を使って蚕や炭俵や薪などを五日市の市場へ運んでいたようです。五日市–川上断層が走っていることで峰道ですがなだらかであり、川を渡ることがないので、製品の運搬で天候には左右されにくいことを彼らは知っていたようです。

図３　五日市－川上構造線のスケッチ

檜原街道は本宿を出て秋川に沿って左折しますが、付近は吉祥寺《きっしょうじ》滝ほか小さな滝の連続する渓谷で、とても美しい風景が開けています。右岸には急峻な岩面を滑り落ちる弁天《べんてん》滝というナメ滝が流れており、五日市—川上構造線はその峰道に沿って西下してゆきます。

藤原集落をさらに西下すると、五日市—川上構造線は本宿で別れた檜原街道と合流し、都民の森のある三頭山へ入ります。三頭山は一五三一メートルもありますが、都民の森ハイキングコースとしてよく整備されています。麓には栃の木の巨木があり三頭大滝という水量はないですが落差はたっぷりの滝が、観瀑台から全長に渡って観ることができます。この滝の全長を観瀑台から写そうとしても普通のカメラやスケッチでは難しいです。だらだら上り坂を山頂付近まで行くと付近はこのあたりとしては珍しく、たっぷりの水を貯える白神《しらかみ》山地と同じのブナの群生地となり美しい落葉の森を演出しています。ここで、東京都は終わりでさらに五日市—川上断層は奥

秋川が旧五日市湖を出るところは頁岩と砂岩の互層で流れに対して45度に堆積している逆転層が見られる。奥多摩地域の断層が扇を広げたような形になりその要がこの付近の逆転層になったのだろうか。赤い橋が高尾橋、緑色が五日市橋。

多摩湖の西端付近から山梨県小菅村《こすげ》へ入ります。白山《しろやま》一〇七七メートルを越えると多摩川の源流である小菅川に沿って五日市－川上断層は伸びています。

小菅村に入っても小菅川は比較的ストレートに流れており小菅村の市街地では魚釣り場や日帰り温泉などがあり、源流体験やアドベンチャーワールドなどが準備され若い人で賑わっています。小菅村の最奥には雄《お》滝や白糸《しらいと》の滝など小菅川の源流となっています。たぶんこのあたりが五日市－川上構造線の西端であろう思います。

図4　秋川のスケッチ

五日市－川上断層が五日市の沢戸橋から始まるといわれていましたが、その東側、すなわち下流側に続く秋川右岸の小道が東日本大震災の際崖崩れを起こし通行止めとなっていました。これはいわゆる小さな活断層であり、五日市－川上断層が延長していると考えられます。さらに旧五日市湖跡の南湖岸を通り高尾橋下では逆転層となっているところがあります。この逆転層というのは、新しい四万十帯が古い秩父帯の下に潜り込んでいる現象であり、時系列的に上下が逆転しているところです（付加体の堆積は新しい地層が古い地層の下へもぐり込んで堆積するという学者がいますが、そうなるとこれは逆転層ではなく整然層です）。この原因は冒頭の関東平野の誕生とも関連するようなかなり大きな力がかかって新しい四万十帯が古い秩父帯の下に潜り込ませたと考えなければいけません。すなわち断層です。この延長は東上して東京都

の自然公園である小峰《こみね》公園の中に入り、さらに東上し今熊《いまくま》山の逆《さかさ》川を通って金剛《こんごう》の滝を造り、今熊神社から東電多摩変電所の横を流れる川口《かわぐち》川へ続くと考えられます（図5）。逆川は水無川となっており、金剛の滝からの流れはすべて地下水流となって消えてしまいます。これも断層でかなり深い位

五日市―川上構造線によってできた滝。滝壺の底の地層まで見える。

図５　金剛の滝　八王子市

北浅川と城山川の合流地点。北浅川が右奥の中央道をくぐって流れ画面左から城山川が合流してくる。その足元はメタセコイヤの化石群で河床は真っ黒で入り乱れている。右の砂岩に中にはアケボノゾウとその足跡の化石が多数発見されている。城山川や南浅川との合流が小さな滝となっていることも五日市ー川上構造線による隆起が原因であろう。

図６　北浅川と城山川の合流地点

置まで亀裂が入っているのではないかと想像されます。

　この付近では川口川の沖積層が地表を覆っており、断層の隆起やクラックは確認できませんが、さらに東上すると畑の中に突如として渓谷が現れます。その右側には天使病院という大きな病院があり、患者の散歩道となっています。かなり硬い石灰岩と泥岩が入り組んでおり、中にはメタセコイヤの化石が含まれています。この渓谷は比較的新しい断層の動きでのクラックでできたものと推定され、石灰岩の割れ目の浸食が進んでいません。

　さらに下ると南浅《みなみあさ》川と合流しますが、その南浅川の手前には図６のように城山《しろやま》川などの小河川といずれも小さい滝あるいは渓流となって合流しています。すなわち自然の合流であるのなら平面合流のはずですが、二本も続けての約五メートルの段差をつけての合流は、断層の隆起以外は考えら

れません。

北浅川《きたあさ》の中央高速道路との交差付近の右岸では、あけぼの象やメタセコイヤの林の化石が発見されています。少し下流の昭島《あきしま》では鯨の化石が出ていますが、ちょうどこの付近が陸と海の境であったのであろうと思われます。

その東は八王子市役所ですが、付近を踏査してみましたが、その痕跡を見つけることができませんでした。ということで、五日市―川上構造線の東端は八王子市役所の東の南北浅川の合流地点で、西のはずれは三頭山、白山を越えて山梨県小菅村の雄滝ではないだろうかと想定されました。

すなわち、五日市―川上構造線は総延長実に約四五キロの大断層であると想像され、しかも東日本大震災でも動かされた活（割）断層であると思います。

仏像《ぶつぞう》断層

二番目の断層は仏像断層という奇妙な名前の断層ですが、陸のプレートの上の付加体で、北秩父帯という古い地層と南秩父帯といわれる比較的新しい地層との境目の断層です。生成の過程を考えると、この仏像断層は五日市―川上構造線と並行になるはずですが、前述したように南方の伊豆半島沖から伊豆衝突帯が日本列島の下に潜り込んできたことで押し曲げられ、五日市―川上構造線の時坂峠付近を中心として時計回りに回転したように捻じ曲げられたものであろうと思います。
　五日市から檜原街道を西に行き、檜原村村役場前を通り本宿の交差点を右折し藤倉集落方面に向かい、しばらくすると神戸《かのと》岩入口バス停があります。下車し神戸川に沿って林道を進むと、駐車場、トイレ、休憩所などがありますが、その目の前にそびえるような大岩が神戸岩（図7）。遠くから見ると、左は白く右は少し赤っぽい色をしており、その間が狭くくびれています。川原に降りるとゴロゴロとした石灰岩の下を神戸川が流れており、音はすれども水面は見えません。巨岩に行く手を遮られますが、鉄の梯子を登ってみると、その横には水流でオーバーハングしている石灰岩は天井までつるつるに磨かれています。これは隆起したものと思われます。その中途にア

神戸岩は２つに割れており、足元側は氷川層という頁岩であるが、神戸川の水流で約10mも削られ、つるつるに磨かれている。これは仏像断層の隆起の痕跡であると考えている。

図7　神戸岩

ルミ板を鉄のブラケットに載せて張り出している幅三〇センチくらいの廊下があり、鉄の鎖も岩にとりついていてそれにぶら下がるように岩にへばりついて川を上り、神戸岩のくびれを越えると別世界のように幽玄の世界となります。右側の大きな岩の割れ目から煙が立ち上り、何やら読経の声が聞こえます。おそるおそる中を覗くとヤギ髭の老人がなにやらぶつぶつつぶやいており、こちらをぎょろりにらみました。足元に悪寒を感じ、早々に引き上げようとしましたが、またあの鉄の棚の上を下るのは恐ろしくなり、遠回りですがやっと車一台が通れるようなトンネルを見つけ、戻ることにしましたが中は真っ暗です。自分の足元はおろか手も見えない手掘りの暗闇トンネルです。閉所恐怖症のうえに変なヤギ髭老人の読経が耳に残り、暗闇から漂う煙が空恐ろしい。あとで調べてみたら、何やら有名なパワースポットであるとの

仏像断層と（仮称）奥多摩川断層の交差点で隆起した石灰岩の白髭の大岩の陰に隠れる白髭神社と獅子舞。

図８　白髭の大岩と白髭神社

こと。仏像断層の名前もこんなとことところからきたのだろうかと念仏を唱えたくなります。

後日友人と再挑戦し、同じ道を登り今度は仏像断層沿いに御前山《ごぜん》を目指しましたが、かなりの急登。さすがに新旧秩父帯の境界で大きな力でひねられ造成された山です。仏像断層は多摩川を奥多摩むかし道の中央付近で交差しますが、ここには図8のスケッチのように石灰岩の断層が約一〇メートル隆起して白髭神社を覆っています。

(伸延)五日市断層

三番目の断層は(伸延)五日市断層です。「(伸延)」と付け加えたのは、東京都土木技研および東京都防災HP地域活断層委員会(平成一一年三月)の断層地図では、五日市十里木から養沢川の中流の怒田畑《ぬたばた》までの約三キロが短い活断層として記されています。国立研究開発法人 産業技術総合研究所発行の地質図では、やや東に並行して北は養沢鍾乳洞の麻生山《あそう》付近から養沢川沿いに戸倉を経て、八王子市美山《みやま》の平山病院付近までの一二キロの逆断層型の起震断層という記述もあります。地質調査所発行の地質図では、戸倉より東は五日市―川上構造線と重なってこちらは五日市断層と表示しています。

また、戸倉より北は棚沢―星竹断層といわれている断層線に近い、などいろいろと解釈が変わっているところであり、どれもそのまま納得できません。この断層も短いが奇妙な動きでびっくりします。図9のスケッチは縊岩《くくりいわ》といわれるもので、山頂の金毘羅《こんぴら》山から背丈の五倍ほどのチャートの巨岩が四個も谷間に落ちて引っかかったようですが、その落石の巨大さはびっくり仰天、とても写真では無理なのでスケッチで紹介します。そのうちの一個は直径四メートルくらいの完全な球形にまで削られ、林の中まで転がって止まっています。

　ということで、東京都活断層調査委員会主張の怒田畑で止まる理由がわからず、さらに北西方向に東京都土研の地質図の断層線に沿って流れる養沢川と一緒に北上しているのではないかと仮定して踏査をして「(伸延)」をつけたものです。

　いずれにしても五日市付近は断層線が入り乱れ、各研究機関では意見がまちまちとなっており、確定されたものは見当たりません。そこで単純に東京都土木技研の地質図の断層線で南は戸倉とし、北は怒田畑を通りさらに海沢《うなざわ》層の中を流れる養沢川に沿って大岳《おおたけ》鍾乳洞、御岳山《みたけさん》ロックガーデン、氷川、日原《にっぱら》川をさかのぼり、日原鍾乳洞、小川《おがわ》谷までの約二〇キロではないだろうかとして「(伸延)」五日市断

中央の３つの大岩「縊岩」が谷をせき止め小さな池を作っている。中央下は南沢方向。

図9　背中側の金比羅山からの巨岩の落石

層」と名付け提案するものです。

戸倉から北へ秋川右岸を登ると加茂原という畑作地帯が広がります。養沢川の左岸でもあり、怒田畑の上にあります。活断層の痕跡はまるでないなだらかな南傾斜で長閑なものです。定年後のサラリーマンのUターンなのかかなり広い畑をトマトやジャガイモやカボチャ、ネギなどなど獣害除けの電線に囲まれて農作業をしている人がぽつりと一人。スケッチブックを広げ畑と眼下の怒田畑をパノラマで描きながら、どこが断層だろうかと考えていたら、その素人農夫が声をかけてきて断層論議でしばし休息。土産にトマトとミョウガをたくさんいただきました。

養沢川の怒田畑へ降りてみると、そこは一昔前までは立派な集落であったであろう大きくしっかりした屋敷が点在し、シャッター街となってはいますが店も数軒並んでおり、料亭のような店構えの家などもある集落となっていました。自然休暇村養沢センターや立岩ロッジなどの宿泊施設もまだ新しいのですが、バスが一日に数本しか来ないし、高齢

五日市断層の北端（都活断層調査委員会）。しかし、それらしい痕跡は見つからない。
図10　怒田畑

化が進み若者はいない限界集落に近付いているようで活気が見られません。川原に降りてみるときれいな楓が赤く紅葉しており、養沢川の河原は広い砂利の広場となっていて、夏はキャンプ場になるとのことです。どこが断層で、どうしてここが活断層の始まりなのか痕跡を見つけることができず理解できませんでした（図10）。

周囲には徳運院という大きなお寺が養沢街道と養沢川の間にあり、見事に整備された日本庭園があって養沢川へ降りる小道もついています。養沢川と秋川の合流地点である十里木付近には八坂神社、高明神社、春日明神社、五柱神社など神社ばかりたくさんあります。五柱神社の裏山には、たぶん日本一ではないかと思われる巨大な杉が立っており、はるか対岸からもひときわ目立ってよく見えます。

この付近は軍道紙という和紙の産地でもありましたが今は衰退し、観光用に檜原街道へ新しく建てられた軍道紙センター内で若い人がその技術を受けついでいるだけで産業用としての活動はないようです。以前あきる野市へ「あきる野一〇〇景」のスケッチをプレゼントしたときに、この軍道紙《ぐんどうがみ》にプリントして絵葉書にしようと企画され、見本まで作ったことがありましたが、軍道紙のきめが粗く微妙な水彩スケッチの表現を出すことができずに取りやめとなったことがあります。

怒田畑のキャンプ場を出て、さらに北へ養沢川をさかのぼると長閑な流れは一転して激しい流れが岩を食む渓谷となります。地質図では同じ海沢層の断層地帯ですが養沢川の両岸は急峻な山が迫っており石灰岩の巨岩の間を縫って小さな滝のように流れ下っています。このような渓谷の成因は、プレートの上に付加体が押し上げられてできるときに襞のような割れ目ができるためで、これはスラストと呼ばれる現象です。石灰岩の鋭利な割れ方などを見ると隆起した断層であることがわかります。

しかし、この付近はまだ怒田畑集落の中で、養沢川を西野橋で渡り左岸へ行くと林業の家が点在しており山の中腹にも立派な家が見えます。しかも道路に落ち葉などもなく生活臭があり先ほどのキャンプ場より活気を感じます。

さらにさかのぼると養沢川は数百メートルもある一直線の緩やかな渓谷となります。河原はごろごろの苔むした石灰岩で養沢センターという魚釣り場となっているようですが、管理人も境界もなく誰でも入れます。周囲の林は自然林でコナラや紅葉が美しいグラデーションで彩っております。このような一直線の渓谷は、スラストにより造られた断層線に沿っての流れであるはずです。

養沢川をさらに北上すると、曲がりくねって森林地帯に入り突然賑やかで大きな駐車場が現れ、養沢川フィッシンググランドという魚釣り場となります。その駐車場の裏側には天王岩《てんのういわ》という約三〇メートルの切り立った岩があり、若者がロッククライミングの練習に励んでいました。中には子供もいるし、七〇歳を超える老人まで頑張っていましたが、あぶなっかしくて見ていられません。これも断層などの造山活動の贈り物でしょう。

図11　三ツ合鍾乳洞入口と巨岩落石を受け止めた欅

どんどんと坂道を登ってゆくと、左に三《み》ツ合《あい》鍾乳洞があり右の岩山の上には日天《にってん》神社という小さなお社があります。

この岩山は、先の天王岩より巨大で高さも高くチャートのようにシャープな亀裂が入ったところと、溶け残ったカッレンフェルトといわれる石灰岩のようにつるりとしたところが混在している大岩で、その全貌は一目では見ることができません。岩のクラックには細い杉の木が生えており、平らになったところには日天神社が大雪でつぶれていました。対岸の三ツ合鍾乳洞には細い山道をスイッチバックの繰り返しで登ります。

三ツ合鍾乳洞にたどり着くと、おばちゃんが一人で店番をしているお休み処兼切符売り場がありました。葦のすだれの日よけの下にベンチがあり、打ち水が打たれ、こぎれいなお休み処となっていました。しばし、おばちゃんと世間話をし、見上げると巨大な石が欅の巨木の上に乗っていました（図9）。しかもワイヤーで落ちないように括り付けられていました。一トンはあるでしょうか、たしかに石灰岩です。庭先にも同じような石灰岩が転がっていたのでどうしたのかと聞くと、落ちてきて止まったとのことでした。欅は上手にキャッチしたものです。

入場料五〇〇円を払いヘルメットを貸してもらって三ツ合鍾乳洞へ入って行きました（図12）。竪穴式の三階建てのような洞窟で、狭い階段を上って行きます。途中に「竜神の滝」や「竜の池」と名付けられた水場はありますが、鍾乳石は見当

左：オーロラ天井で小さな鍾乳石、右；石灰分で滑らかになったフローストーン
図12　三ツ合鍾乳洞内部

たらずフローストーンという石灰質がへばりついてつるつるになっているところがあります。しかし、地下水が石灰質を溶かして洞窟を造ったものではありません。あくまでも造山活動の隆起で持ち上げられ構造的に空洞となり、その中に染み出した地下水に含まれている石灰質が析出して、岩肌を覆ってできたものであろうと想像しながらスケッチを楽しみました。

しばらくスケッチで暇つぶしをやって表に出てみたら、出口のすぐ上に「天の岩戸」と名付けられた鍾乳石がありました。これは小さいながら、鍾乳石と石筍《せきじゅん》であり、洞窟ではないですが祠の中にできた鍾乳祠です。中には石の社が祭られていました。これもスケッチをして帰りの下り坂の途中で、朝方見つけた欅の上の巨岩もスケッチしていたら、受付のおばちゃんが腰をかがめながら登って来て、あまりなかなか帰ってこないので何かあったのかと心配してきたとのことでした。写真では写せないような洞窟内のスケッチなど丹念に描いていたので一時間以上かかってしまいました。欅の上に縛り付けられている巨岩には何か昔ばなしなどはないのかと聞いてみましたが、洞窟が発見された一九七〇年にはすでにあったとのことで昔話は聞いていないとのことでした。

地質図には三ツ合鍾乳洞の東側には閉鎖中の養沢鍾乳洞があるので、せめて入口のスケッチでもやってこようと歩き始めました。ほとんど誰も通らないのでしょう、夏草が背丈以上に伸びてやっと一人歩いた痕跡のような道を下って養沢渓谷を丸木橋で渡ったところでクマ出没注意の看板があり、引き返すことにしました。安全第一の単独行、命を懸けるほどのものではありません。車に戻ってさらに奥の大岳鍾乳洞と大岳大滝を目指しました。

その道中に大岳小滝という小さなナメ滝を発見、二段の滝になっているが大雨でも降らないと現れないと書かれていました。偶然にもその小滝を見ることができ、これもスケッチに収めました。小さい滝には不釣り合いな大きな滝つぼができており、造山活動が激しかったようです。さらに行くと目指す大岳鍾乳洞があり、車を駐車場に置いて養沢川を渡り、チケット販売所でヘルメットを貸してもらい、話好きのおばちゃんと世間話をしていました。一九六一年に受付の一〇〇歳のおばちゃんのご主人が発見したとのことです。入ってみると、この鍾乳洞もまさに造山活動で構造的に迫り上がってできた空洞に、析出した石灰分が石灰岩の上に張り付いたフローストーンです。一部鍾乳石もありましたが、ごく小さなもので、この洞窟でも真っ暗の中電球の下でスケッチをしましたが、天井の石灰岩にぽつぽつと鍾乳石が生まれ始めている程度で、とても鍾乳洞と呼べるものではありません。

ということで、これらの連続している三カ所の鍾乳洞といわれている洞窟は、迫り上りの力を受けてできたものであると考えています。

さらにすぐ上流へ登っていくと、素晴らしい渓谷美がまるで絵ハガキのようです。しばしスケッチを楽しんで最終目的地である大岳沢大滝へ到着、落差三〇メートルとこの付近の滝では最大ですが、水量はさほどなく豪快とはいえない穏やかで若々しい滝でした。というのも、二段に分かれ下半分はナメ滝となって岩肌を滑り降りていました。多分この滝も断層の痕跡を流れているのだろうと思います。この滝の上には高岩山《たかいわ》があり、その向こうが大岳山となります。
大岳沢大滝のスケッチを楽しんで下山しました。

大岳山へ続く馬頭刈《まずかり》尾根や高岩山を通り御岳山《みたけ》へ続くサルギ尾根は、明らかに付加体の押し上げ造山活動のスラストでできた峰道であり、長いだらだら道は断層の痕跡です。

大岳山は、都心方向から見ると女性の寝顔のようにオデコがあり鼻があり顎が見えます。地質図によるとその顎が（伸延）五日市断層となります。しかし（伸延）五日市断層は、秩父帯の海沢層内である幅を持ったゾーンとして存在しており、大岳山頂付近では北は御岳山のロッ

大岳山と御岳山の中間の鞍部にかかる峠道。
鎖を伝って登る。都心から見ると大岳山が女性の寝顔に見えるがその顎の部分に当たる。

図13　芥場峠

クガーデンから南はこの顎付近まで約一キロの幅であると考えられます。

大岳山の顎の部分に当たる芥場《あくば》峠はかなり急峻で登山道には鎖が付いています。地質図ではその北寄りの芥場峠付近が断層ゾーンの中心となるようです。さらにその北は御岳山のロックガーデンとなり、ぐちゃぐちゃに乱れた構造となって滝や岩山などが入り乱れ、全体に苔むしており、夏でもひんやり別世界となる養沢川の源流となっています。綾広《あやひろ》の滝と七代《ななよ》の滝の二本の滝があり、上流側の綾広の滝は御嶽《みたけ》神社の水行道場として、ときどき白装束の修験者や老若男女が水行で念仏を唱えているのに出くわします。七代の滝の水量は多く滝つぼには苔むした倒木などがにょっきりと顔を出し、深山幽谷の気配たっぷりです。ロックガーデンの東のはずれには天狗岩といわれる天狗の鼻のように、これもにょっきりと屹立している大岩がありますが山道をつけるためかその一部は人工的にカットされていました。いずれにしてもかなりの力で造山活動を受けた痕跡です。

峠を越えると海沢川の流域となりますが「海沢四滝」と称される大小四本の滝の連続です。いちばん上流にあるのは「不動の滝」ですが、ハイキングコースとしての整備が悪く、単独行は危険であるとのことで未踏破です。その下の三滝は踏査しています。三番目の滝は「大滝」といい、四滝の内では最大のものでねじれはありません。すぐ下の二番目にあるのは「ネジレの滝」と呼ばれ名前のとおり二段にねじれています。いちばん下の滝は「三《み》ツ釜《がま》の滝」で三段にねじれており、それぞれが滝つぼを持っているのでそう呼ばれているのだろうと思います（図

12)。いずれの滝も丸く丸められた石灰岩に苔が付いており、たしかに付加体形成のときの造山活動でスラスト形成時に引きずり込まれて急峻になったところを海沢川で浸食されてできた滝のように見えます。

海沢四滝が終わると、周囲は自然公園のように雑木林の中を穏やかでゆっくり流れる海沢川が流れる高原地帯となります。しばらく歩くと道沿いには巨大なチャートの岩が斧で割られたように川岸にそびえているところに出くわします。全貌が見えず夏草の中スケッチも写真も無

図14　海沢四滝の内のいちばん下にある三ツ釜の滝

理でした。そのあたりから集落が出てきてアメリカ村という名前のキャンプ場が現れます。

さらに下ると多摩川と海沢橋の下で合流します。海沢橋は二本かかっており古いコンクリートアーチ橋は人道橋で、新たに鉄骨ボックス梁の橋はバイパスとなって奥多摩町を抜けてゆきます。

多摩川は海沢橋から上流は北方向に流れを変えていきますが、ちょうど(伸延)五日市断層に沿って流れることになります。やがてJR奥多摩駅となりますが、その手前には天然温泉の「もえぎの湯」が新氷川トンネルの横の急峻な多摩川の段丘上にあります。右岸はキャンプ場となり、その間にはもえぎ橋という人道のつり橋がかかりレジャーセンターとなっています。この天然温泉も断層からの贈り物です。

地質図によると(伸延)五日市断層はJR奥多摩駅を越えて日原川《にっぱら》へ向かっていると考えています。地質の年代は少し新しくなり海沢層から氷川層と名前も変わります。しかし、その構成地質はほとんど変わらず、いずれも石灰質の頁岩砂岩であり、構造的な変化はないものと考えて、同じ(伸延)五日市断層と名付けても問題はないと考えています。

多摩川と日原川との合流地点は奥多摩町の駅前の昭和橋から見下すことができますが、右奥からの日原川のほうが水量も多く真っすぐに流れ、そこに奥多摩湖方向から流れる多摩川が支流のように合流するという感じです。日原川の合流地点の上流は、すぐに氷川渓谷と呼ばれ両岸が三〇メートルほど切り立った渓谷で、苔むした遊歩道が川面に近い位置で整備されており、夏でも涼しい別世界です。このように深い渓谷を日原川の水流だけで硬い石灰岩を穿ったとはとても思えません。断層線に沿って深い流れとなっているものと想像できます。すぐ上流の左岸には奥多摩の石灰を使った奥多摩工業の大きな工場があり、ほこりっぽい感じです。その工場に運ばれる石灰岩運搬用のトロッコ軌道や小河内ダムをつくるために造った軌道跡などが日原川を越えています。

日原街道は断層線に沿って北上しますが、日原川は海沢川や養沢川のような急流ではなく、ごく穏やかで川面は日原街道位置からは低いところを流れています。畑や集落の中にお寺や神社のこんもりとした森が点在し、季節には桜が咲き、山は赤く染まる長閑な日本の原風景のような趣となっています。人影もまばらで、農夫もほとんど見ることはなく、バスも一日に数本であり、ほとんどが自家用車または徒歩です。

木立の中には樹齢五〇〇年以上の巨木があり、向寺地《むこうてらち》のアカガシは斜面に直角で横向きに生えており、ワイヤーで上方へ引っ張られ補強されている珍しい巨木です。そのほか、羽黒神社、三田神社、将門神社、あるいは根元神社などにはそれぞれが御神木として高くそびえる巨木を持っています。付近は何度も来ているので一休みしながらこれらほとんどの巨木と断層の関係がわかるようなスケッチをシリーズで描いては楽しんでいます。

さらに上流へ登ると大沢集落となりますが、その入り口に大増《だいます》鍾乳洞があります。この鍾乳洞も食堂のおじさんが自分のお店の裏山で偶然発見したというものです。現在は東日本大震災の被害を受けて封鎖されていますが、この鍾乳洞は小さいながらも本当の鍾乳石やら石筍があるとのことです。いつか見学しようと思っていた矢先の閉鎖で少々残念です。

そのさらに上流になると河原は石灰岩の巨岩が入り組んでおり、平岩橋付近にはマス釣り場などもあって賑わいを見せています。ほとんど平らで見通しのよい田舎道を気持ちよく登ると、また山が迫ってきて右岸には真っ白な岩場が現れます。この岩場はロッククライミグの練習場であるとのことです。地元の消防団などが山岳遭難救助の訓練に励んでおります。その岩場に行くには白妙橋という綺麗な名前の人道吊り橋を渡るのですが、この吊り橋の床板が腐って落ちているところがあり非常に恐ろしい橋です。下は千尋の谷です。

さらに日原街道を進むと倉沢橋という大きな橋があり橋の先の山道に入ると「倉沢の檜」という樹齢一〇〇〇年以上の巨木があります。その神々しいような樹に触ってパワーをいただきたく登る人はかなりおり、入口には「倉沢の檜まで一五分」と書いてある案内看板がありますが、私の足では二五分もかかるほどの山奥です。この日原川にかかる倉沢橋の鉄骨トラスは、その両岸の硬いチャートの岩にじかに貼り付いており、コンクリートの橋脚などは付いていません。また川面を見ようと橋の上からのぞき込んでも、はるか六〇メートル以上下でまるで見ることができません。このような硬いチャートを僅かな水量の日原川では何万年かかっても穿つとも思えません。これなども確かに引張り側断層の贈り物です。

バスの終点は日原の鍾乳洞ですが、日曜祭日以外はその手前にある東日原という集落の中心地で終点となります。東日原集落はまさに崖地にへばりついているような急峻な地域で、横に歩くのは何でもないですが縦方向は全部階段の上り下りとなります。

日原村は巨樹の村ともいわれており、東側の山は、栃の木、ミズナラ、杉、ヒノキ、もみの木、赤松などなどそれぞれがカッレンフェルトという石灰岩を抱き込むように根を張った巨樹ばかりで、巨樹の散策コースが数本用意されています。巨樹散策コースを日原鍾乳洞方向へ抜けると日原川を挟んで対岸には三角形の稲村《いなむら》岩が現れます。ちょうど束ねた稲わらをストンと半分に切って立てたような、高さが三〇〇メートル以上ある垂直に切り立った大岩です。

（伸延）五日市断層は、この稲村岩の前を通って日原鍾乳洞へ向かっています。日原の鍾乳洞は古くから見つけられており、その対岸にある一石神社のご神体として江戸時代より深く信仰されていたとのことです。この洞窟は二つに分かれ、新洞は完全に断層などの造山活動によっ

図15　日原鍾乳洞の内部には鍾乳石の成長はない

て構造的に持ち上げられてできた洞窟ですが、古い洞窟はたしかに石灰岩が溶けて石筍や小さいながら石柱などもできています。この洞窟内もスケッチで残していますが、古い洞窟の石筍などは成長が止まり、煤で黒ずんだりみどりの苔が生えたりして自然の鍾乳洞とは程遠いものです（図15）。

さらに進むと、日原川の左岸には梵天《ぼんてん》岩というひょろりとして頂上には梵天様の顔のような超高層の岩があり、対岸の右岸にはツバメ岩という石灰岩のつるりとした岩肌を全部出して

図16　日原鍾乳洞入口と東日本大震災で表面はく離したツバメ岩

いる巨岩が対峙しています。いずれも高さ一〇〇メートルを超えるような巨岩です。今回の東日本大震災でも梵天岩は無被害であったのに、ツバメ岩は岩肌が上部の八合目付近から剥落し、日原街道をふさいでしまいました（図16）。このため、それまではるか小川谷まで続いていた街道はここで通行止め。現在は開通しているかもしれませんが確認していません。

　小川谷へ入ると渓谷はやや浅くはなりますが、それでも道路から河原まで下りるにはかなりの勇気がいります。しかし、降りてみるとさわやかな緑の風とひんやりと完全透明な渓流に身も心も洗われます。その先は酉谷《とりだに》山一七一八メートルになりますが、断層踏査はここで切り上げ、帰りました（図17）。

　たしかに五日市の戸倉から養沢川に沿っ

小川谷の上流で（伸延）五日市断層の北端付近。

図17　日原川の最上流

て、大岳山と御岳《みたけ》山の間を通り海沢川に沿って下り、多摩川を横切ってＪＲ奥多摩駅前の日原川に沿って北上する総延長二五キロの断層は、活（割）断層といえるほどの動きはないようですが、東日本大震災での震動で数カ所の割れを起こしているので（図2）、はっきりと一本の断層であるといえ、（伸延）五日市断層であるとして提案します。

とくに北部の日原川流域全体に渡り造山活動で付加体である秩父帯がスラストで押し上げられ造られた断層線が、隆起によって開かされその下を日原川が流れているように見えます。後述する（仮称）奥多摩川断層が隆起による断層線ではないだろうかと提案していますが、同じ隆起によってこの（伸延）五日市断層も断層線が開いたように見えます。

岩井《いわい》断層

四本目の断層は岩井断層で、東京都土木技研の地質図によると古い北秩父帯と新しい南秩父帯の境界を南北に走る断層とされています。その南端は五日市盆地の北のはずれとなる大悲願《だいひがん》寺《じ》付近で、北端は青梅《おうめ》市成木七丁目付近を通り、埼玉県の秩父山塊の名栗《なぐり》市へ向かっていますが、詳細は不明です。

南端は、五日市盆地付近ではフォッサマグナに沿って伊豆半島衝突帯が潜り込んで陸のプレートを東西方向から南北方向へ押し曲げることで四万十帯の下へ秩父帯が沈み込み、五日市盆地ができたのではないかと推測しております。このことによって、岩井断層は五日市盆地の北端の大悲願寺《だいひがんじ》付近で以南の地表は沖積層に覆われ断層は消滅していますが、五日市盆地の南端付近で秋川渓谷の中に現れます。その両岸は激しい造山活動を受けて逆転層となっているところが見えます。この付近が北秩父帯と南秩父帯が入り組んでいるはずのところです。となれば、岩井断層は秋川橋付近が南端となると同時に五日市—川上構造体との交差点ともなっているなど、造山活動が激しかったところであると思われます。

その根拠として、秋川橋の南側にある標高六〇〇メートルほどの弁天山の中腹には二つの洞窟があり、大きい洞窟は約一〇〇坪くらいあり、天井高さも五メートル以上あるようです。電気がついていないまさに洞穴のようなものでカメラのフラッシュも効かない暗闇の中ではありますが、はっきりと四万十帯の頁岩砂岩礫岩などの海成付加体が激しい造山活動で洞窟ができたようです。

北へ登るとJR五日市駅の東側の小机《こづくえ》を通り肝要《かんよう》へ向かいます。肝要は古刹大悲願寺の裏に当たり、江戸城築城のために切り出した伊那石の採石場があります。伊那石は細工しやすい洪積砂岩で付加体ではありません。石切り場から多摩川までは木道跡が一部ですが今でも残っており、木そりに載せて木道を多摩川まで滑り下ろした痕跡があります。その北は、関東山地の東のはずれに岬のように突き出した勝峰《かつほ》山という小山があります。ここは北条氏の出城であったようでその城址が残っています。

石灰岩の山である勝峰山の西側は、セメント会社の採石場です。頂上にはソメイヨシノの巨木がたくさんある公園ですが、その登山道は工場敷地内にあり整備されておらず工場関係者以外は入ることはできません。しかし、その展望はまさに山城であり都心方面は全部見ることができます。山中にはカッレンフェルトが点在し、ドリーネといわれる石灰岩が溶け出してできた大きなくぼ地も見つかり、その下にはたぶん鍾乳洞となっているはずです。三メートルくらいの長い棒が差し込んであり、引き抜いてみると抵抗なくスルッと抜けます。立川断層の北端の岩蔵の大岩の前にもドリーネはありますがこちらはその数倍は大きいものです。勝峰山の北側には平井川の源流となる白岩《しらいわ》の滝というナメ滝から流れ出しています（図18）。

さらに北上すると、今は閉園中ですが青梅市の吉野梅郷「梅の里公園」に続いています。梅の里公園内もアップダウンが激しく断層

平井川の源流の滝。日の出つるつる温泉の手前からタルクボ沢沿いに日の出山への登山道の途中にある数十mも続く滑滝《なめたき》群の総称。白い石灰岩でのナメ滝であることからの名前であろう。

図18　白岩の滝

が走っているといわれても否定することはできません。

ＪＲ青梅線の二俣尾《ふたまたお》駅付近で多摩川を渡りますが、並行して日向和田《ひなたわだ》断層という名前が付いている断層もあります。これらは多分同じ性格のものであり、断層線は地表ではある幅を持ったゾーンで走っていると考えるべきであり、日向和田付近はかなり急峻な崖地となっており明らかな断層です。この多摩川を越える付近には、後述しますが、別に（仮称）奥多摩川断層という地層分布での断層とは違う成因で生まれたであろう断層が走っていると考えています。しかし、今回の東日本大震災での被害は確認されていないなど、安定している断層であるといえます。

さらに北上すると埼玉県名栗川に沿って秩父へ向かうものと思われますが、埼玉県の断層地図がないので判断することができません。

ということで、岩井断層は五日市の弁天山付近より北へ向かい、日向和田断層と合流しながら埼玉県名栗方面に向かっている約一五キロの断層であるといえます。

多摩川は断層を直角に横切って流れ下っている。

図19　JR奥多摩駅前の氷川小橋付近

（仮称）奥多摩川断層

奥多摩五番目の断層は、地質図にはない断層で、定年後自由研究「断層と共存共栄する奥多摩地域」での研究成果として、（仮称）奥多摩川断層として提案する断層です。

奥多摩の地図をよく見ると、多摩川は直角の連続のクランクで流れ下っていることがわかります。地質図に載せてみると断層線に直角に流れ下って、ゆるやかな円弧を描いています。多摩川はJR青梅駅付近を扇の要として東へ扇状地となり沖積層が広がって、流れはゆるやかにうねるようになり、基盤岩は隠されます。

なぜ多摩川はクランクの連続で流れ下るのでしょうか？

山岳地帯での川は、断層線に沿って流れるのが当たり前、秋川は五日市−川上構造線、日原川、海沢川、養沢川は（伸延）五日市断層。仏像断層は神戸川を流れるように、断層線は地層の割れ目でもあるのでそれに沿って流れるのが当たり前です。

多摩川だけは断層線に対して直角で、しかもクランクの連続で、小河内ダムから青梅市街地までの約二〇キロの間でも七二カ所もの曲がり角を持って流れています。奥多摩湖の中はわかりませんが、さらに上流の丹波《たば》川も同じように付加体でできる断層線に対して、直角方向にクランクの連続で流れ下っています。多摩川に架かる橋と堰を全部、源流の水干から羽田までスケッチをしていますが、山岳地帯の奥多摩だけがクランクの連続となって流れていることに気が付き、地図で調べ、このクランクの成因は一体何だろうかとしばらく悩んだものです。

その結果、図20のとおり、付加体を載せている陸のプレート（たぶんオホーツクプレートか北アメリカプレートこの二枚のプレートは同じであるという地震学者もいるが）の下に潜り込んでいるフィリピン海プレートの一部である伊豆衝突帯は、これ以上北上できずにマントル内に潜り込んでいきますが、その際の潜り込みの反動が陸のプレートを押し上げているのではないだろうかと推論しました。この話の冒頭に書きましたが、陸のプレートの上には、古いほうから北部秩父帯、南部秩父帯、四万十帯と続々と陸のプレートの上に海の堆積物が乗り上げて、付加体を造りながら陸地になっていったものです。この付加

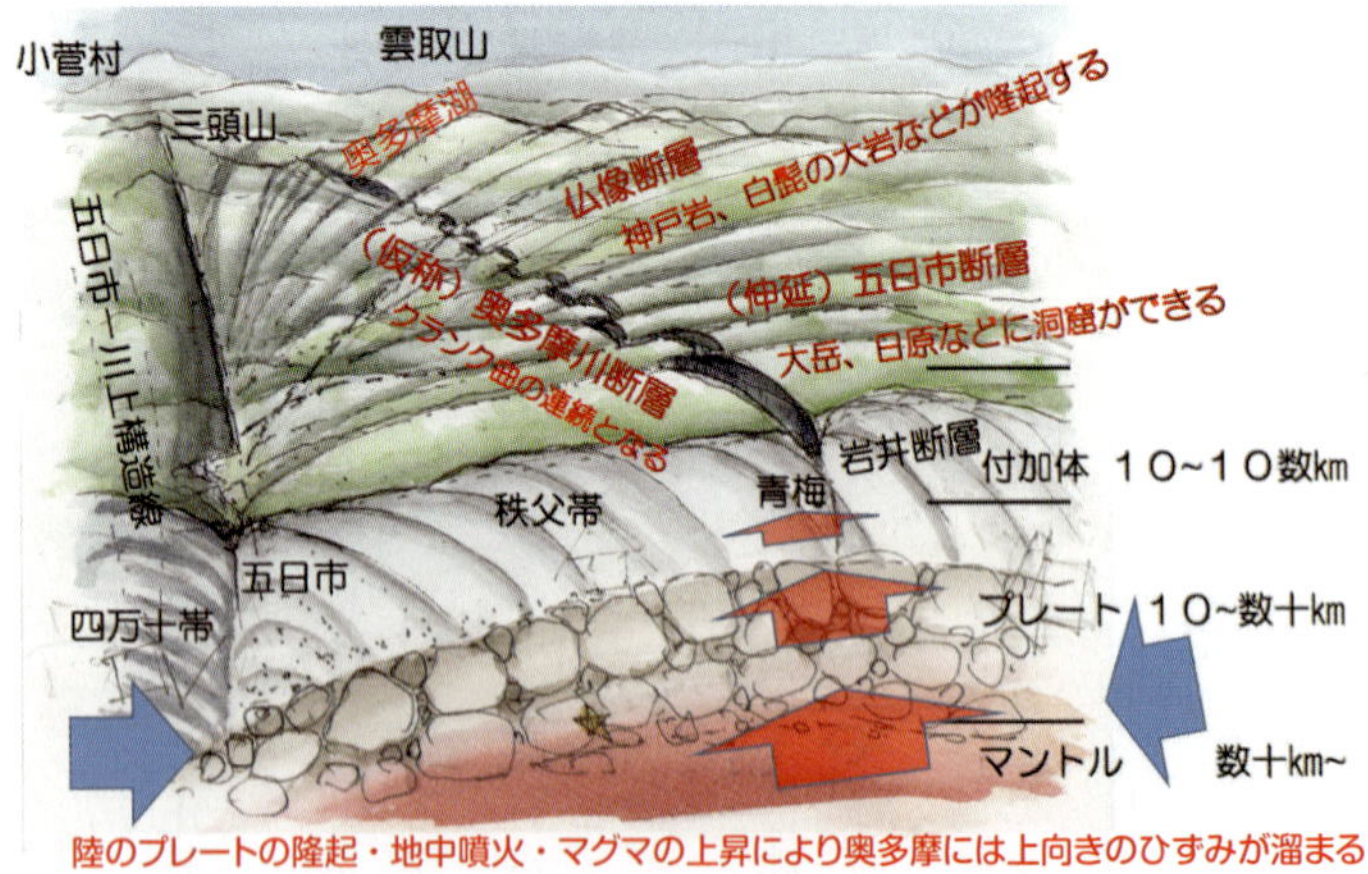

海のプレート（フィリピン海プレート）に押されて陸のプレートに踏ん張られ付加体は上向きの力が働いている。奥多摩の川はほとんど付加体の断層に沿って流れるが、多摩川だけは断層に直角に流れているこれは付加体の岩盤が持ち上げられて地表面近くにクラックが生じてそのクラックを流れているものと仮説を立てた。直下型地震が起きて、上向きの力が働いている小河内ダムにその左右の岩盤が離れる方向に動くと危険な状態となる。

図20　奥多摩におけるプレートの隆起などの影響

体がしわになり、断層となります。秩父帯まで陸地に押し上げられた時点で伊豆半島衝突帯が北上してきて、これを東西に並んでいた断層線は五日市を扇の要として北へ押し上げられました。その後四万十帯が陸のプレート上に押し上げられ、現在の地層分布となったものであろうと考えました。

そこに伊豆衝突帯がさらに潜り込んできて、奥多摩地方全体を隆起させたと仮定すると、断層線であるスラストは地表面が開くことになり、スラスト自身は上方に曲げられることで地表面には新しくクラックが入ることになります。あるいはマグマが冷えることでマントルよりは軽い花崗岩となって浮かび上がったのかもしれません。この仮定が正しいとすると、多摩川の流れは断層線に直角に流れることで、硬い石灰岩やチャートの岩にぶつかりながらクランクの連続する流れと大きく円弧を描きながら流れ下る原因が合理的に説明できます。

JR御嶽《みたけ》駅付近の御岳渓谷も、石上《いしがみ》温泉下の渓谷でも、JR青梅駅下の釜の淵公園内の流れも、すべて直角に曲がっ

御岳小橋の上から上流を見ている。アーチ橋の御岳大橋の後ろで多摩川は直角に曲がっている。

図21　御岳渓谷　雪の朝

ています。このため多摩川の流れは急流にはならず、穏やかな流れとなっています。奥多摩湖の放流によって、御岳渓谷などは急流となりカヌーのスラローム競技なのでは面白いコースをつくることができますが、これも断層の贈り物です。寸庭《すにわ》橋から少し下りＪＲ古里《こり》駅前に古里庵というキャンプ場がありますが、明らかに左岸と右岸は違った岩種で構成されています。右岸は縦方向にクラックの入った石灰岩で、左岸は水平方向の頁岩となっています。

　青梅市の調布橋付近では、硬い岩盤に流れを任せ曲がり始めています。すぐ上流の釜の淵公園は、その囲まれた四角い中が公園となっています。さらにＪＲ日向和田駅からＪＲ軍畑《いくさばた》駅までも直角のクランク曲が続いています。ＪＲ軍畑からＪＲ御嶽駅付近までは、直線的ではありますが、ＪＲ御嶽駅から白丸《しろまる》湖まではクランクの連続となっています。御岳渓谷の右岸は崖崩れが起きており、現在不通になっています。白丸湖の左岸には数馬峡という急峻な岩山が迫っており、麓を通る青梅街道はトンネルとなって抜けて

寸庭橋からすこし下流へ行くと古里庵というキャンプ場が出てくるが素晴らしい渓谷美。
多摩川の流れに対して直角に断層が走っていることがわかる。

図22　古里庵あたりの（仮称）奥多摩川断層

います。
　さらにＪＲ奥多摩駅付近でもクランクは連続していますが、ＪＲ奥多摩駅から奥多摩湖までは、さらに激しいクランクが連続します。付近は河原を歩くことはできませんが、むかし道という青梅街道の古道がハイキングコースとして整備されています。道中、ところどころで多摩川を望むことはできますが、地図上ではグチャグチャに曲がりくねっています。しかも石灰岩の渓谷となっています。むかし道の中間付近にある白髭の大岩では、前出の図８のように仏像断層の隆起の石灰岩が露頭しており、神社のお社に覆いかぶさっています。この石灰岩の表面には擦り跡が残っており、たしかに隆起あるいは沈み込みなどの造山活動でできた断層であることがわかります。下のバス道を通ると多摩川には小さな道所《どうどころ》吊り橋やしだくら吊り橋などの人道の吊り橋がかかっていますが、その上からの眺めは深く素晴らしい渓谷美となっています。この風景は画用紙を縦につなげて、いわ

丹波川渓谷もクランクの連続。ここ「なめとろ」は対岸の青色に見えるチャートが落ち込んでおり、足下にも同じチャートのガレ場ができている。この造山活動でもろくなった岩が浸食され幅が広げられ、淀みとなったと推察される。右遠景は垂直に切り開かれた渓谷。

図23　（仮称）奥多摩川断層

ゆる掛け軸型として描かないとその地学的特徴を表現できません。

　奥多摩湖に入ると、クランク曲道は湖底に沈み隠れてしまいますが、深山橋《しんざん》を直進し青梅街道を西へ進むと、鴨沢付近で奥多摩湖は終わり丹波川と名前を変えます。またこれまでと同じように丹波川は図23のようにに深いV字谷のクランクに曲がりくねった川となって奥多摩湖へ流れ下ります。丹波山村《たばやま》に入る四キロほどの間もクランクは一五〜二〇カ所にもなります。

　村役場を越えると丹波川は直線的な流れに変わっているところを見ると、この先は付加体のスラストと同じ方向に流れる岩が普通のあたりまえの流れとなり、伊豆半島衝突帯で隆起させられた付加体の上部のクラックである多摩川断層の西端となってい

武田信玄の隠れ金山、黒川金山へのアプローチである泉水谷からの流れが丹波川へ合流する地点。急に川幅が拡がり、ヘヤピンのように流れの方向を変えている。右上には当時の尾崎行雄都知事が、水源地の視察に来たという記念碑があるところ。

図24　三重河原

るのであろうと思われます。途中には三重河原《さんじゅうかわら》という丹波川に泉水谷が合流する地点がありますが、ここなどは図24のスケッチのように見事にクランクの連続となっておりますこの裏山には黒川金山《くろかわきんざん》があり、武田信玄の財政を担っていたとのことです。後に大久保長安が大阪城の財宝を隠したともいわれるところでまさに断層の恵みとなっています。

このように（仮称）奥多摩川断層は、クランクを連続して流れ下り、山梨県丹波山村役場付近から青梅市調布橋までの約三五キロであると思われます。

小河内ダムの決壊の心配はないのか?

二〇一一年三月一一日の東日本大震災では、多摩地方でも崖崩れが各所で起こっており、今も復旧されていないところもあります。P79の地図にプロットしてみると（伸延）五日市断層線に沿っています。首都東京都ではあるものの、多摩地方は過疎に悩んでいます。それでも休日や季節になると、東京の奥座敷として若者を中心として、登山や魚釣り、高齢者の人たちは日帰り温泉やハイキングでＪＲ青梅駅やＪＲ五日市駅はごった返しています。

立川断層については、政府地震調査会の地震ハザードマップでは真っ赤な危険地域の活断層であるといわれ続けてきましたが、拙稿「第２話　立川断層　本当にあるのか？」で地震を起こす危険な断層ではなく、地震が起きて動くような断層でもないことを証明し紹介しました。東大震研の教授もこの説に賛同しております。

しかし、同じ政府地震調査会の地震ハザードマップでは、奥多摩地方は黄色い範囲で地震安全地帯であることを宣言されています。また、第2話の冒頭で描いたとおり、地震の安全地帯でばかり地震は起きており、この三〇年間では東日本、熊本、阪神淡路、中越、中越沖……、など名前の付いている大地震は、すべて黄色の地震安全地帯に震源を持つ地震で、大被害となっています。今、黄色い範囲の奥多摩地方は安全でしょうか？

立川断層が安全であるとした同じ拙文ですが、奥多摩地方はどうやらあまり安全とは言い切れないように思われ案じております。先般の東日本大震災では、立川断層帯ではなにも被害は起きていませんが、奥多摩に走る五本の大断層はそれぞれ小さいながら被害が起きており、今も復旧していないところもあります。

一〇〇近いクランクがある（仮称）奥多摩川断層の隆起の痕跡を多摩川が流れているとの仮説や、六カ所の崖崩れや、五つもの鍾乳洞を持った（伸延）五日市断層の隆起の痕跡を日原川や養沢川が流れ、あるいは神戸岩や白髭の大岩が仏像断層の隆起痕跡であるとの仮説が正しいとなると、今、奥多摩地域は隆起のひずみが溜まっているはずです。奥多摩地域の基盤は東日本の基盤である北米プレートですが、西からユーラシアプレートが潜り込み、南側からはフィリピン海プレートが潜り込んできて、かなりの厚さになっています。その下にマントルがあると想像されます。直下のフィリピン海プレート及びはるか太平洋プレートの潜り込みの先端付近で発生したマグマは、三枚重ねのプレートの下から上昇してきますが、分厚いプレートの中では大きなマグマ溜まりを造ることがないと想像され、巨大地震の発生はないと思いますが、毎日数回小さいながらプレート内での地中噴火地震が観測されていることを考えると、決して安心ではないはずです。

もしプレートが鉄板のような板であると、このように厚さ五〇～一〇〇キロメートルもある三枚のプレートがせめぎ合いながら集まり、潜り込もうとすると、どのようなことになるのか想像できません。すなわち、この鉄板プレート理論は、ここでも破たんしています。プレートは大きな岩でできていることでせめぎ合いながら、マントル内へ沈み込んでゆくはずです。しかもフランスパンの表面が十文字にヒビ割れるように地表面を隆起させながら。

三枚のプレートのせめぎ合い潜り込みによる反動として奥多摩地方全体の隆起となり、（仮称）

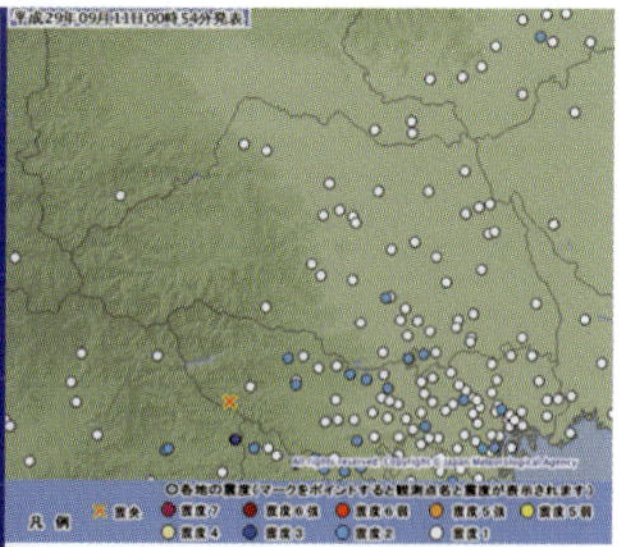

政府地震調査研究委員会では毎日地震発生の震源についてインターネットで報道しているが、多摩地方でも毎日微小地震を観測している。
平成29年09月11日00時54分 気象庁発表11日00時51分頃地震がありました。
震源地は東京都多摩西部（北緯35.7度、東経139.1度）で、震源の深さは約50km、地震の規模（マグニチュード）は3.9と推定されます。

図25　2017年9月11日の奥多摩に震源を持つ地震の観測

奥多摩川断層は開く方向のひずみを受けているはずであり、熊本地震のような直下型地震を受けると、このひずみは解放され小河内ダムの両端が岩盤から離れてしまい、ゴロリと横にダムの堤体が倒れることも考えなければなりません。図25のように、去る二〇一七年九月一一日奥多摩に震源を持つ地震（マグニチュード三・九）が観測されています。また、過去三〇日間に発生した地震をプロットした地図でも、奥多摩地方での地震発生は無視できるほどの安心地域ではないと思っています。そのときの様子は想像するに難くありません。直下型の大地震で家屋は倒壊し、多摩川は決壊、杉などの人工林の丸太を巻き込んだ土石流となって奥多摩を一気に流れ下り、青梅を出たら人口の集中する羽村、あきる野、昭島、八王子、日野、立川、府中、調布を巻き込んですべての橋を壊し、鉄道も道路も分断し、狛江、世田谷などが大洪水となり、東京の羽田まで水没することになります。台風や大雨と重ならないとも限りません。

奥多摩地方は人口が密集する大都会ではないので、火事などによる直接の人的被害は少ないように思えます。どのような被害が起きるのか想像するのも恐ろしいですが、本当に来るのかどうかわからない南海トラフ地震対策として三〇メートルを超える防潮堤を造るのも大切とは思いますが、地震調査委員会が安全としており、誰も想像もしていないし、検討もされていない多摩直下型地震に対し、小河内ダム決壊が起きたときには、地震被害に洪水が重なると仮定して、どのように対処すべきかについて僅かでも目を向けて検討すべき時ではないでしょうか？

解決されるまでは観測網を整え、奥多摩湖の水位を五メートルぐらい下げておく必要があるのではないかと考えていますが、いかがでしょうか？　災害は忘れたころに、地震は想定していないところにやってきます。安心していると、東日本大震災や熊本地震と同じ目に合いそうで地元住民として案じております。

同時に、御岳大橋や笹平橋、海沢橋、数馬峡橋などのコンクリートアーチ橋や昭和橋をはじめとする多くの鉄骨アーチ橋なども、両岸の岩を反力として成り立っている構造の橋であることより、断層としての（仮称）奥多摩川断層や（伸延）五日市断層が開いてしまうと構造的に被害となる危険性があると考えられます。

図26　小河内ダム堤体上から水力発電所とクランクに曲がる多摩川を見下ろす

第4話

巨樹の立ち枯れの真因

去る二〇一七年八月の九州北部土砂災害では、大量の日田杉《ひた》が洪水に飲み込まれて住宅に押し寄せ、集落を破壊していました。このとき高齢化で、放置山林が問題となったものでした。間伐をきちんとやっていれば、しっかりと大地に根を下ろしていたものを、すでに材木として十分成長した四〇〜五〇年物がお互いに根っこを絡み合わせ、浮いた状態となっていたところに伏流水のような下からの水圧がかかって浮かされ、土石流に飲み込まれたようになっていたことも被害を大きくしたようです。

同じことが、わが多摩《たま》地方でも見えています。たまたま集中豪雨がないので被害として現れず、山の基盤が花崗岩のように風化しやすいものではなく付加体であることから、伏流水に過剰水圧がかかりにくいので被害とはなりにくい地盤です。

しかし、山を歩いていてびっくりしたのは、八王子城山と高尾山とその南の草戸《くさと》山を南北に縦断する圏央道に沿って、巨木ばかり倒れているのに気が付きましたので、そのすべてをスケッチでまとめました。その周囲はほとんどが自然林ですが、一部杉の人工林もあります。

図1は、東京都多摩南東地域の週末ハイキングコースとして大賑わいする高尾山・八王子城・草戸山周辺と圏央道を著者が歩いた足跡です。実際にはもっとたくさん歩いていますが省略しています。

基盤は「第3話 小河内《おごうち》ダムの安全性は?」の地質図（第3話-図1）のとおり、四万十《しまんと》帯のうちの小菅《こすげ》層と小伏《こぶせ》層という硬い砂岩泥岩互層主体の地層でできています。

①、②の八王子城トンネルと、⑨、⑩の草戸山の相模八王子トンネル上の山中での巨木の倒木や立ち枯れ状況はすさまじいものがあります。同じような状況は、高尾山を貫いている高尾山トンネルでも確認されています。

③の高尾山一号路は、登山ルートのメインコースであることから、立ち枯れると危険であり、登山道路の拡張工事とも重なって立ち枯れた巨木は伐採整備されており、巨大な根株がごろごろとして、現在は被害らしいものはありません。少し古びた看板には「落枝に注意」と書かれ

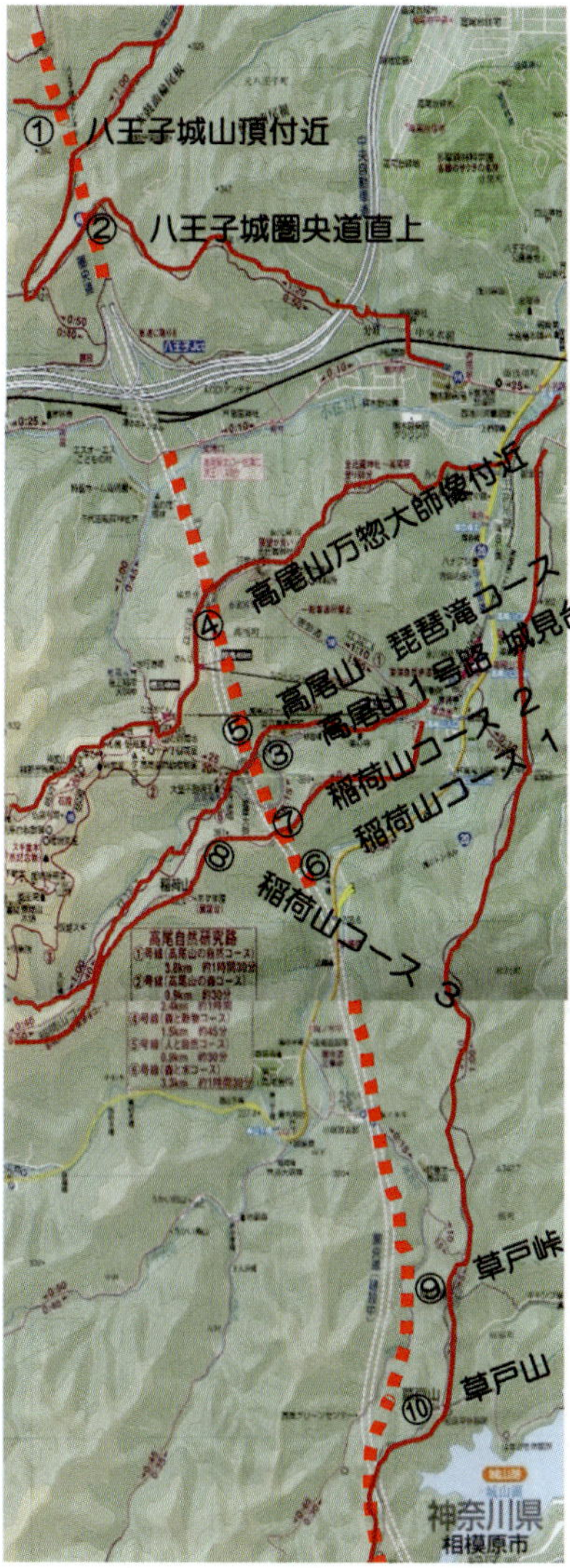

（「ハイキングマップ八王子観光協会」に加筆）
図１　著者の歩いた足跡

ており、数年前までは立ち枯れていたことを示唆しています。

④の高尾山万惣大師像からの白く立ち枯れている巨木（たぶんモミの木）については、木の間越しでのスケッチであり、写真では到底その全貌を写すことができません。はるか彼方に中央道―圏央道のジャンクションを望むことができます。

⑤は高尾山の琵琶《びわ》滝コースからの分岐で、直接一丁目茶屋横へ直登の険しい山道でのスケッチです。ここでの被害はそれほどではありませんが、たしかに自然での倒木とは違うように見えます。

⑥、⑦、⑧の高尾山稲荷山コースでの被害は、圏央道トンネル工事との因果関係ははっきりしていません。

⑨は南高尾の草戸山への草戸峠でのスケッチです。草戸山の頂上直下に圏央道トンネルが通っているので、切羽との深さ距離が離れていることもあり、あまり工事の影響は及ばないのではとは想像しておりましたが、以前登ったときには巨木があり暗かったのですが、今回登ってみたら切り株となっていました。立ち枯れかどうかわかりませんが大賑わいのハイキングコースの巨木を切り倒すには何かの理由があるはずです。

⑩は草戸山の頂上の東屋《あずまや》ですが、ここも二回同じところでスケッチしています、以前描いた巨木は倒されて、ハイカーの腰掛となっていました。これも立ち枯れか否かはわかりませんが、山頂でせっかくの巨木を切り倒す必要はないはずです。

圏央道高尾山トンネルの工事については長期にわたって裁判が続けられていましたが、その主な争点は環境アセスであり、空気、水、音、振動問題などであるはずであり、樹木の立ち枯れ、倒木に関する項目はなかったはずです。しかし、工事が終わってしまうと、巨木の立ち枯れの被害が大きいことがわかります。

トンネルの工事は多分ではありますが、NATM工法といって必要に応じて先行して天井部分に補強用の鉄筋を差し込みますが、一般的には指向性のダイナマイトで切羽を崩し、直ちに排土していき、すぐに吹き付けモルタルで壁面の補強を追いかけていく工法です。最近のほとんどの山岳トンネルはこの方法がとられています。早く安く湧水などの対応も良いなどのメリットがあります。

しかし、切羽のダイナマイトでの震動が直上の巨木の毛細根を切断する危険性があることはあまり知られていません。環境アセスには、山の水が抜けて八王子城ではご主殿の滝、高尾山では琵琶滝と蛇滝が枯れたり水質が悪くなったりすることはないかなどについては、かなり時間がかかっていたようです。

巨木ばかり立ち枯れしているところをみると、巨木は四万十帯の硬い砂岩・頁岩の中のクラックにしっかりと毛細根を伸ばして栄養を吸っていたのでしょうが、ダイナマイトの振動で簡単に切断されてしまい立ち枯れたのであろうと想像されます。このような巨木の立ち枯れが山の保水能力を低下させ、土砂災害を引き起こす危険性が増大しているように感じられます。

① 八王子城山頂付近。樹齢優に400年以上のモミの木の立ち枯れやコナラの巨木の倒木が続いているところがあった。調べてみたら圏央道八王子城トンネルがすぐ下を通っていることが原因のようだ。付近のトンネル工事は平成11年から19年までの8年間である。が、このスケッチは平成24年から27年のもので、工事完了してから約5年以上たっての影響であろう。右の樹皮のない白い巨木も立ち枯れている。

②-1 八王子城深沢山。モミの木の立ち枯れやコナラの巨木の倒木が続いているところがあった。①と同様、圏央道八王子トンネルがすぐ下を通っていることが原因のようだ。左の白い樹皮のないモミの木の巨木は2012年には立ち枯れていた。地盤は頁岩のガレ地盤。

②-2　②-1のスケッチと同じところを3年後の2015年に通ったら、立ち枯れていたモミの巨木も倒れていた。それぞれの巨木は皆まちまちの傾斜方向に倒れていたので峰道の登山道には邪魔にはならない。しかも自然の回復力は素晴らしく、周囲はひこばえや足元に日差しが届いたせいもあって背丈を超えるほどに成長していた。

③　高尾山1号路はいわば銀座通り、ハイカーが行列をなすところで、コンクリート舗装の10mほどの広い登山道。城見台付近だけは約50mにわたり、巨大な切り株がごろごろしている異常地帯。

④　高尾山1号路。万惣大師像付近から八王子城方向の木立の中に立ち枯れの巨木（モミの木？）が1本だけある。遠景は中央道圏央道のジャンクション。

⑤　高尾山琵琶滝コースを分岐して11丁目茶屋に急登のコース。地図で圏央道の通る地点を探して描いたもの。あまり被害はないが、2本は不自然に曲がっている。付近の地盤は破砕された頁岩が少しだけ露頭している。

⑥-1　高尾山稲荷山コース1。周囲は人工林の杉主体の山林であるが間伐されていないのでかなりグチャグチャになっている。この状態で九州北部土砂災害のような集中豪雨が降ると危険である。

⑥-2　高尾山稲荷山コース2。稲荷山コースは京王線高尾山口駅からすぐに急登でそのまま圏央道トンネル直上の交差点につく。しかし、標高がかなり高いこともあって、トンネル工事の切羽位置とは高さ距離でかなり離れることになる。そのためかコナラの巨木は倒れてはいるものの、まだ樹勢は衰えず葉っぱが青々としている。山肌は保水能力がなく荒れている。

⑦　高尾山稲荷山コース3。圏央道高尾山トンネルは甲州街道とインターでつながれているが、かなり狭いところで組み合わされるので、山岳トンネルもごちゃごちゃに錯綜している。地図上の圏央道の主線よりかなり西側に当たるが、裸地になっているところがある。しかも樹木が倒れた痕跡などは残っていない。この付近だけの特異な現象であり、もしかすると片付けてしまったのかもしれないが確かめようがない。

⑧　高尾山稲荷山コース４。上のスケッチの少し手前1.2/3.1km地点。ここにも2本倒木があるが圏央道との距離は離れている。中央にうっすらと見えるのが圏央道。なお地盤はほとんどが粘土質の千枚岩である。

⑨　草戸峠。子供が乗っている巨大な切り株(左；モミの木)は立ち枯れたもの。地図で確かめてみると、ちょうどこの横を圏央道トンネルが走っている。13年前に描いた同じ地点から描いたスケッチには、右端に巨木があった。草戸峠よりの正面；高尾山、左；城山。

⑩　草戸山（365m）頂上。眼下に城山湖が見える。ハイカーが座っている丸太は、13年前には巨木が生えていたが、その倒木の活用かもしれない。倒木の原因はわからない。

第5話

液状化発生のメカニズムの誤解

液状化現象の被害

東日本大震災で発生した液状化現象は、東北地方から首都圏までの約五〇〇キロにおよび、世界最大級であるとのことです。これに対して、現法制下では救済措置の法律がないので、新法をつくろうと国交省や各自治体では、土木、建築、地盤工学会を動員して調査ボーリングをはじめています。その調査法をニュースやインターネットで見る限り、定説である「液状化は地下水中の緩い砂地盤が振動で粒子間の結合力を失い液体状になった状態である」に基づいて裏付けしようとする方向に向かっています。

よく液状化した現場を観察すると、液状化を起こしている地盤は緩い砂地盤というより、もっと細かいシルト地盤であり、液状化した地盤中に発生する圧力も地表から二メートルも吹き上げるほど高圧になることもあります。浦安《うらやす》市のように新しく造成された埋め立て地盤より古い内陸側の駅前の地盤のほうが液状化の被害がひどいなどなど、インターネット上の動画サイトでは克明に伝えています。

築地移転問題で話題となっている豊洲の埋め立て地や、ごみの埋め立てで造られた夢の島でも、限定的ながら液状化現象の発生が見られます。これらの地域で液状化した地盤は、浚渫の海底にあったヘドロを中心とした土で砂地盤ではない地盤であり、定説では合理的に説明できない液状化です。

液状化現象の発生は、現行の定説が原因となることも一部見られますが、主犯は地下水中の溶存ガスであると仮定すると、これまで発生した液状化現象をすべて無理なく合理的に説明できます。古い埋め立て地では新しいところより有機物の分解が進み、溶存ガスが地下水中にたくさん溜まっています。ちょうどプロ野球の優勝ビールかけ現象です。

このことが事実であるとすると、今回の大津波での復興地盤もきちんと分別して埋め立てないと、せっかくの復興事業も再来する地震で液状化の被害を受けることにもなりかねません。盛土の下や盛土材料には有機物が入らないよう厳密なチェックが必要です。

国民の生活を守り、税金の無駄使いをさせないためにも、液状化現象発生のメカニズムをしっかり把握して対策を立てるよう再考を促したいと思います。

以上は、今から六年前の東日本大震災のとき、液状化が起きてその対策工事を検討し始めた被害地域の首長と東京新聞の読者欄に投稿したものです。東京新聞もほとんどの首長からも無視され、なしのつぶてで、僅かに浦安市からは有識者会議という学会の先生方が委員会をつくり、鋭意検討しているとのことだけの返答がありました。

「止むなし」では終われません。結局浦安市では費用の安い地下水を抜く工事は圧密沈下を起こす危険性があるので、費用はかかるが地中連続杭工法を採用する、とのことになりました。一区画だけは連続杭を敷地境界に打って、お土産まんじゅうの箱の仕切りのような地中構造物をつくっていますが、ほかの区域は費用が一軒当たり四〇〇万円かかるとのことで、区画住民全員の賛同は得られず着工されていないとのことです。コンクリートでは高くつくので間伐材でできた杭を打つことも提案され、実験もしていたようですが、液状化の本当の原因もわからないで各種対策工法を繰り返してもまったく意味がないばかりか、むしろ危険な方向へ向かう対策工法にもなることもあります。

今実施された連続杭工法が液状化対策に有効であるとはにわかには信じられません。浦安の地盤の圧密する粘土層は四〇メートルも続いています。その上の浚渫埋め土層の水を約五メートル抜いたところで四〇メートルもある粘土層が圧密沈下を起こすほど影響するでしょうか？むしろ水を抜くことで軽くなり、圧密沈下は減少するのではないでしょうか。浚渫埋め立て盛土の中にコンクリートの杭を連続して埋め込むと重量が増加して地下四〇メートルまでもその重さは伝わることで圧密沈下に悪い影響が出るのではないでしょうか？　後述しますが、実はこれと同じ話が四〇年も前にディズニーランドのカリブの海賊館建設のときにも起きて大論争となったものです。

潮来《いたこ》市は、液状化を起こした日の出地区の道路の側溝に、排水パイプを深さ三メートルの位置に埋め込んで地下水位の低下をはかって液状化対策を完了したとのことです。潮来市は成功するのではないかと思いますが、浦安市の再液状化対策工事は圧密沈下を起こし、地震時には再液状化が起きる可能性があります。狭い隣との境界線上に造る連続杭は、地表面では連続していても杭の先は連続しているわけではなく、バラバラになっているはずです。そうすると、構造的に横方向力に抵抗する機能を持たず、地盤の強化には程遠いばかりか、杭を造るために明ける孔で地盤が緩んでしまい、液状化に対する抵抗力が弱くならないでしょうか？　連続杭の周囲は地盤が緩んでしまい、液状化の水道《みずみち》になる危険性が増して、コンクリート杭の重さが四〇メートル下まで伝わり、圧密沈下を助長することになると思われます。また、コンクリートの代わりに間伐材を使うなどもってのほかで、新たに有機物を大量に地盤中に挿入すると、溶存ガス発生の素を入れることになり役に立たないどころか、逆に液状化の危険性を助長することになります。隣近所に迷惑をかけプライバシーを侵害され、嫌な思いをして高い費用をかけても、安全の確保は保証されません。そのときにはだれが責任をとるのでしょうか？

液状化現象発生の状況

液状化の被害については紹介する必要はないほど有名になっていますが、発端となった新潟地震での液状化被害などは忘れ去られ始めています。

入社二年目に新潟地震が起き、その調査支援の役割で長期にわたって新潟地震での液状化問題を調査した経験がありますが、あのときの新潟空港ビルでの墳砂を忘れることはできません。映像ではありましたが、真っ黒な泥水が背丈を越えるほど高く吹き上っていました。また、信濃《しなの》川の右岸で起きたランドスライドの原因となった液状化も、図1の写真のように地震が収まってもしばらくは地獄谷のようにぶつぶつとあぶくとともに泥水が湧き出していました。

今回の東日本大震災の浦安での液状化は、あちらこちらのユーチューブで紹介されていますが、その中から噴水の動画には真っ白い泡が出ているのがわかります(図2)。泡が見えないところでもふつふつと鍋の中のお湯が沸くように、かなりの圧力で自噴している泥水を確認できます。定説となっている砂は噴出せずに、シルトあるいはもっと細かい粘土粒子だけが水と一緒に噴出しています。

砂地盤の新潟での液状化でも、砂の噴火も見られましたが粘土シルトの噴火のほうがはるかに主体的であります。

どこでボタンの掛け違いがあったのかわかりませんが、新潟地震での被害を詳細に調査し研究がすすめられた結果、結論として冒頭に書いた「液状化は地下水中の緩い砂地盤が振動で粒子間の結合力を失い液体状になった状態である」が法律にもなってしまい、以降の研究はこの基本的な液状化発生のメカニズムの範囲

地震発生後4分経って沸き始めた噴砂。周りの白いのは泡。

図1　新潟地震での液状化現象

の中で、細かい測定法やら危険予測やら液状化ハザードマップの検討などが行われることになりました。

たしかに地下水中の緩い砂地盤は液状化するでしょうが、そのような地盤は日本中探してもめったにありません。自分たちも、この条件を満たすべくかなり実験室的に、地下水中に緩詰めの砂地盤を造ってはピンポン玉を入れて、強く揺すりピンポン玉をポンと浮かばせ、子どもたちに液状化の実験を見せて驚かせたものです。しかし、一度液状化した地盤は二度と液状化しません。また新しく乾いた砂で緩い砂地盤を造り、箱の底から水をゆっくりと入れて砂地盤を造るのです。水を箱の上からかけて入れると、砂は水締め状態となり絶対に液状化してくれません。無茶苦茶大きな振動を与え箱がつぶれそうになるほど揺すると、たしかに液状化の

真っ白い泡が混じった真っ黒い泥水が吹き出している。

図2　浦安の東日本大震災での液状化現象

ように緩んできますが、これは砂粒が震動で踊り始めるものです。それでも水が吹き上るような液状化現象にはなりません。これは誰がやっても同じこと。自然地盤では「雨降って地かたまる」で、砂地盤に雨が浸み込んだ状態となりますが、これは一種の水締めであり、液状化は起きにくい状態となります。

実験用の砂も山口県の豊浦砂丘で採れる標準砂を乾燥させ、篩《ふるい》にかけてパラパラと箱に撒いていかないとできないという厄介なしろものです。自然地盤にはこのような地盤は特殊な地盤です。砂より細かいシルトや粘土が混じっていると、粒子表面に起きている表面張力が大きすぎて、振動を与えてもこれをバラバラに離して、間隙水圧を上昇させることはできません。すなわち、実験室では自然の液状化を起こす砂地盤の再現は困難です。ましてシルトだけの地盤やシルト粘土などさらに細かい粒子の地盤では、いくら揺すぶっても液状化現象で水が吹き上がることなど起きるはずもありません。砂層の上に粘土層を載せて揺すっても吹き上がるような現象は何度やっても起こすことができないのです。

それでは、どうして地震が起きるとあちらこちらで液状化が起こり被害となるのでしょうか？それは定説となっている液状化現象発生のメカニズムが、実際に起きているメカニズムと違っているからです。地下水中の砂粒子が震動でばらばらに移動することで、砂粒子間の力の受け渡しができなくなり、その隙間を埋めている水に移動することで水の圧力が増大し、液体状になるという定説が間違っているからです（図３）。

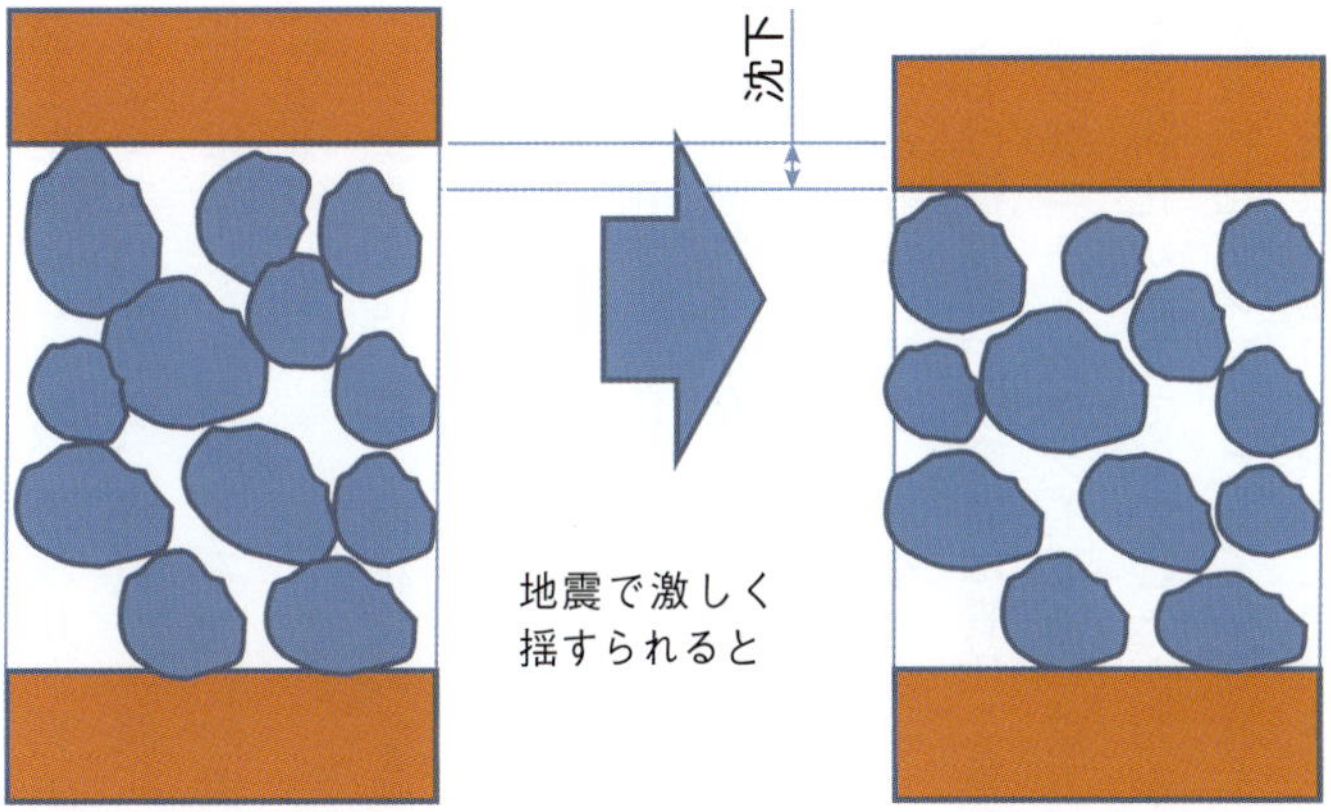

地下水中に緩く堆積した砂層は粒子間の接触で支持力を得て上の重さを下へ伝えている。

地下水中の砂粒子は浮かんだようにバラバラになり支持力は一時的には地下水の圧力に変わるが、地表へ吹き出すことで沈下する。

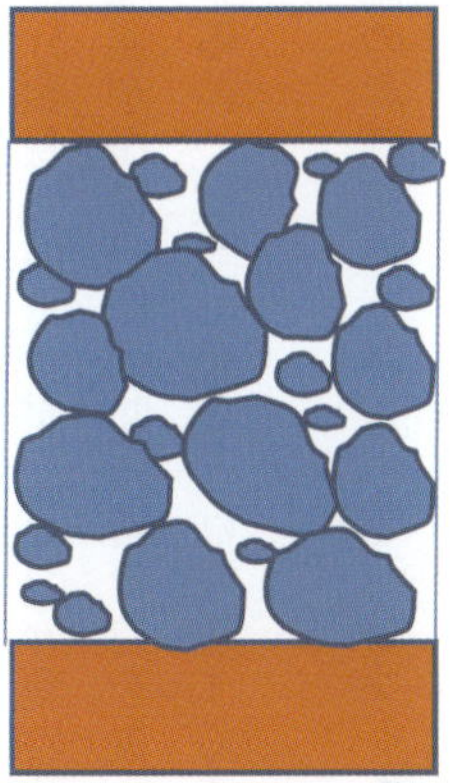

しかし、実際の地盤では埋立地でさえこのような均質な砂粒だけの地層はほとんどなく砂粒子の間は細かいシルトやら粘土の粒子で塞がれている。このため、かなり強い振動を受けても上図のようなメカニズムでの液状化現象は発生することはない。
地下水中の溶存ガスが震動で分離して軽くなると周辺の土粒子を連行して上昇し、液状化となる。

図３　液状化現象発生のメカニズム

各自治体では液状化ハザードマップを用意し、液状化はほとんど発生しない地域、液状化の発生が少ない地域、液状化が発生しやすい地域の三区域に分類していますが、その分類の基準となっているのが、冒頭の「液状化は地下水中の緩い砂地盤が振動で粒子間の結合力を失い液体状になった状態である」との仮説の誤解から始まっているので実際の現象とは乖離することになるのです。

しかもなにやら、液状化の危険地域に指定されると地価の評価額が下がるので、ランクを上げてもらいたいなどの個人的、経済的、政治的な圧力も忖度しているらしく、これでは当たるはずはありません。

液状化発生の危険性のあるところでは液状化が起きず、発生の危険性は少ないと判断された地域に液状化が発生し、建物に被害を及ぼしたとのことです。この事実をみて、各自治体の担当技術課では見直しをかけ、実際液状化が起きた地域はランクが上がってかなり危険地域が増えたとのことです。狼少年が「地震が来るぞ!」と言い続けるのと同じで、危険側にセットしておけば行政や研究者は責任を免れます。

多摩《たま》ニュータウン工事で、京王線多摩境駅付近では砂地盤のない多摩地方の関東ローム層でも液状化が起きていることがわかり、多摩埋蔵文化財センターに樹脂で固めて関東ローム層での液状化サンプルとして保存展示されていました(現在は取り外され片づけられている)。仙台では緩傾斜地の分譲住宅地全体が液状化でランドスライドして滑り落ちています。有名なのは、アラスカ地震で台地の上にある広大な土地全体が液状化によるランドスライドによって崖から滑り落ちています。阪神淡路大震災では、活断層であるといわれている野島《のじま》断層の上にも液状化の発生の痕跡が見つかり、地震記念館のガラスの床下に展示されています。いずれも砂地盤ではないので、液状化ハザードマップでは液状化の起きない地域に分類されるはずです。

地震が起きなくても液状化は起こります。北海での海底油田の櫓《やぐら》が波に揺すられて支持力を失い倒れたこともあります。第6話で詳述しますが、広島土砂災害での被災地の大半は液状化による被害であると考えています。小さな土石流の痕跡に対して、大面積に及んだ被災地土砂災害の真因は伏流水の被圧によって液状化が発生したとすると合理的に説明できます。

一年前の熊本地震でも起きています。日奈久《ひなぐ》断層や布田川《ふたがわ》断層が引っ張り側の正の活断層が動いて、震度七の強い振動で大きな被害を起こしたといわれています。しかし、余震がなぜ四〇〇〇回も起きたかについての説明はありません。たぶん合理的な説明ができないのだろうと思います。

活断層の上の民家のブロック塀の基礎がだんだんずれ始め、止まらないでとうとう引きちぎられたとのことです。ブロック塀の引きちぎりについて地震学者は活断層の余効現象であると衒学的なご託宣でした。サンプリングされた地盤を見ると、写真のように粘土が液状化していますて(図4)。すなわち四〇〇〇回もの余震でこねられると粘土でも水のようにドロドロになり、その上にあるブロック塀は低いほうへ流れようと下がるのは当然のことです。活断層の余効現象であり、ひずみが溜まってきています。住み続けるのは危険であるとの判断で住宅の放棄をアドバイスしたとのことです。こんな無知の判断が今も起きているとは恐ろしいことです。

　陶芸家は粘土に水を加えてこねて柔らかくして陶器を造るし、蕎麦屋もそば粉をこねることでコシを出して蕎麦を打ちます。これは粘土の液状化現象です。放置しておくと固まってしまい硬くなります。

　粘土の中の水分が粘土粒子をバラバラにすることで液体に近くドロドロになるためです。すなわち粘土の液状化現象です。子どもの泥団子は砂をまぶすと硬くなります。熊本の余効現象とやらで、柔らかくなった粘土層も乾い

4000回もの余震によって粘土もこねられ粒子間結合力を失い液状化する。これを地震学者は余効現象という危険な現象であると説明している。（NHKTV「けさのクローズアップ」2017年4月15日）

図4　熊本地震での液状化現象

た砂をまぶすか、紙を敷くかで粘土の水をとってやれば、すぐにでも硬くなり元に戻ります。家を放棄するようなことはしないでほしいと思います。第1話で書いたように活断層が地震を起こすのではありません。

田んぼや湖沼のように水分が多いところにある沖積粘土地盤は、有機物を含み溶存ガスのある間隙水が繰り返し振動を受けると粒子がばらばらになり、間隙にある水分が圧力を持つことで液状化することもわかってきました。関東学院大学の某教授によると、震源に近い益城《ましき》町や西原《にしはら》村はもとより、熊本市内でも阿蘇《あそ》山のカルデラ内でも、河川の埋め立て地や田んぼ内で液状化が発生し、二度目の余震でも再液状化が数千カ所で発見されたとのことです。

今回の東日本大震災でも、千葉県の浦安や潮来や津田沼《つだぬま》や旭《あさひ》などで、砂地盤では液状化していません。どちらかというとシルト地盤であり、海岸の埋め立て地層や河川や湖沼や田んぼの跡地を盛土して住宅地に変えたところで発生しています。分譲住宅地でも谷筋を埋めて造成したところに被害は出ています。千葉県の内陸部でも、前回の大地震では液状化しなかったのに、今回の地震で液状化したといわれるところが散見されています。時間経過で有機物が分解し地下水中に溶存したのです。

新潟地震では、昭和大橋や川岸町アパートあるいは新潟空港などの液状化被害は有名ですが、市街地では僅か幅一メートルくらいの小川を埋め立てて住宅敷地にしているところは、元の小川の痕跡どおり、延々と液状化被害が続いていました。一軒の住宅でも元の小川の上に建っている柱だけが沈下し家がつぶれたり、座敷の真中の束石が沈下して座敷の床が落ちたり、軒先の柱だけが沈下したりした家が並んでいました。

液状化対策工

新潟の液状化地帯で一軒だけ被害を免れたビルがありました。このビルは、耐震建築の大家である早大の内藤多仲博士の設計で、基礎構造が女性のスカートのように建物の周りをシートパイルで囲っており、その中にコンクリート杭を打ち込んでいました。このことでスカートの中の砂地盤は液状化できずにそのまま無被害となったものです。博士は液状化の危険性を承知して、ビール瓶にふたをつけたままにすると振ってもビールは飛び出さないことを知っていたようです。

例えば、海岸の埋め立て地盤の地盤改良で、振動締固め工法といわれるものがあります。これは、バイブロ振動機で締め固めることにより、液状化地盤である砂（粒子）が締め固まり緩詰状態を脱して震動に対する免疫状態をつくり、液状化しなくなるはずのものです。ですが、これをやった浦安地区ではことごとく液状化が発生しています。次回の大震災でも同じように再液状化の危険性は高いと思います。粘性土地盤内の溶存ガスを含んだ間隙水は、地震振動を受けて粒子間結合力を失わせることはできても、地表へ飛び出すほどの圧力がない場合には液状化して強度は失いますが、地震が収まれば数か月後には元の強度に復元されるはずです。

また、グラベルドレインあるいはサンドドレイン工法という液状化対策地盤改良工法もありますが、これはある程度の効果は認められました。今回の東日本大震災のように長時間揺れが続くと、完璧とはいえず部分的には液状化が起きていました。

このような事実を研究者は皆知っているのに、目をつぶって見ないことにして金科玉条の「液状化は地下水中の緩い砂地盤が振動で粒子間の結合力を失い液体状になった状態である」に合致するような調査や検討を行い、対策工法までアドバイスしています。どうしてこんなことになってしまったのでしょうか？

その根本的な原因は、液状化発生のメカニズムが誤って解釈しているため、その対策もとんでもない無駄をやっているからであると思います。

既に四〇年も昔の話となってしまいましたが、浦安の埋め立て地に東京ディズニーランドを造る計画が持ち上がりました。建設予定地は長靴でも入ってゆけないほどズブズブで、超湿地用のブルドーザーもエンコしていました。圧密沈下も年間一メートルもあり、どうすればここに世界的な遊戯施設ができるのだろうかと想像もつきませんでした。

担当した施設はカリブの海賊館の基礎設計ですが、この施設は地上なし、地下一、二階で東京体育館のような大きな体育館を地下に半分埋め込んだようなものです。しかも水深五〇センチメートルの浅いプールを持ち、僅かな傾きでも客が乗ったボートが座礁してしまうとのことです。さらに中は一〇〇メートルもある大スパンのがらんどう構造。その半分は地下 二階で、残り半分が地下一階となっており、周りの地盤は圧密沈下でどんどん下がる地域での施設です。絶対安全のためには五〇メートルもの長い杭で支持する必要がありますが、それでは建物の周りは沈下するのでカリブの海賊館は浮き上がったような状態となり、お客は入れなくなります。地震で液状化が起きると空のプールは下水のマンホールのように浮かんでしまいます。遊戯施設であり当然コストは安くなければいけないなど、八方ふさがり状態での設計計画でした。

その問題を一挙に解決できる工法として提案したのが、「永久排水工法」（国際特許「液状化対策工法 圧気相」一九九七・五）と名付けたもので、新潟地震での液状化地域で唯一残った内藤多仲博士の設計したビルと同じように、「建物の周りには地下掘削用の山留壁として使ったシートパイルを残して、地下一、二階（その境にもシートパイルは残す）を造り、シートパイルの中の地下水を永久に地下マイナス六〜八メートルに保つように排水できる井戸を造っておく、井戸からの排水は毎月一回一時間ほどポンプを動かすことで、液状化を防止し、周辺の圧密沈下地盤と一緒に下がり、支持力も十分強い基礎ができるはずである」と提案しましたが、大問題となりというより答はＮＯでした。その理由は先の有識者と同じで「盛土の水を抜くと粘土の有効応力が増えて圧密沈下を助長することになり危険である」とのことでした。

また、完成後も永久に地下水を排水し続けることには難色を示し、建築基準法では判断できないので、超高層建築と同じく建築センターでの評定を要求されました。

これに対して、地表面近くの埋め土層の水を抜いたら、どうしてすぐに地下四〇メートル先までの粘土の圧密が促進されるのでしょうか？　水を抜いたら四〇メートル先の粘土にかかる荷重は小さくなり間隙水の水圧は小さくなり、圧密沈下は減少すると考えるのが当たり前ではないでしょうか。それが有識者で土質工学の先生方は、ドラスティックな沈下が起きて非常に危険となるのでNOとのことでした。結局、本設構造物ではなく、遊戯施設として耐用年限を六年とし、その間の事故はゼネコン責任ということで了解され、施工されました。

実際、地下掘削が終わり、井戸のポンプのスイッチを入れるときには有識者先生方はドラスティックな沈下が起きるのでこれを見学したいと全員が集まり、ちょうど一二時にサイレンを鳴らして作業員全員の避難完了を確認してから行われました。もちろん何事もあるわけはないのに大騒ぎをしたものです。

地盤工学の有識者は、スーパーの豆腐の水の切り方を知らないらしいのです。湯豆腐にするにしても、まずキッチンペーパーで豆腐をくるみ、豆腐の入っていたケースに水を入れて重しにして二時間も置けば、箸でつまめるほど硬くなります。しかし、重しを載せないといくら経っても硬くなりません。すなわち圧密沈下は起こらないのです。

圧密沈下の原因は、あくまでも圧密層の過剰間隙水圧の消滅による圧縮ですが、その過剰間隙水圧を造るものは上部に新たに載ってくる盛土などの重量であるはずで、盛土の中の水を抜いたら圧密層内に有効応力が増大し過剰間隙水圧が発生しますが、それまでには相当長い時間がかかるはずです。すなわち、熱伝導と同じような現象で、熱は急に地下四〇メートルまでには伝わらず、上から次々にだんだんと低いところへ伝わってゆくのであって、ドラスティックに一気に間隙水圧の増大はなく、沈下など起きるはずはありません。鍋に触って熱いと感じるのは指先だけで体温は変わらないと同じです。

東日本大震災によって各種液状化対策をとっていた東京ディズニーランド内の施設周辺には、大なり小なり液状化が起きていましたが、六年の賞味期限といわれていたカリブの海賊館は四〇年経過してもまったくの無傷で、今も真っ暗の中で海賊たちが暴れまわる様子を小舟に乗って見て回るというイベントがにぎやかに毎日行われています。液状化する地層が地下にはないのだから当然のことです。周辺地盤の圧密現象による沈下量と、

浦安での液状化での噴出物にはかなり大きな炭も交じっている。

図5　東日本大震災での液状化現象

カリブの海賊館の液状化防止対策工の永久排水工による沈下量が同じであったので、懸念されていた出入り口の段差や上下水の配管の取入れなどにも何の支障も起きておりません。

液状化現象発生の真因

冒頭にも書きましたが、液状化現象の主因は地下水中の溶存ガスです。溶存ガスの発生は地盤中の有機物です。すなわち新潟地震での小川に沿って起きた液状化は、小川を埋め立てるときに、そこに生えていた雑草を取り除かないでそのまま埋めてしまったので、雑草が腐食分解しメタンガスが地下水中に含まれていました。ここに地震が来て、溶存ガスがあぶくとなって比重が軽くなり、支持力を失い周辺の土粒子を連行して浮かび上がり、地表に吹き上がったものです。

新潟空港の二メートルにも及ぶ噴水も同じこと、信濃川の右岸でのランドスライドも、川岸町での液状化も、皆地下水中の溶存ガスの存在が主因です。新潟の砂丘の裏側はいわゆる潟となっていたところで、湿地帯です。雑草も生えるし、水中植物も魚も腐るとメタンガスなどを発生します。

当時たくさん写真を撮ってきましたが、四〇年も経ってもう必要はないと全部廃棄してしまいました。砂地盤での砂噴火の跡をよく見ると、必ず同心円的に黒い炭化物が輪を描いていたことを鮮明に覚えていましたので、図6のようにスケッチで表現しました。当時顕微鏡は持っていませんでしたが、虫眼鏡で覗くといわゆる炭粒が確認できました。
粘性土地盤の浦安の液状化地帯も歩き回りましたが、まったく同じで冒頭のように噴出している泥水に砂粒はなく、全部がシルトか粘土の細かい粒子と炭化した有機物の粉でした。であるので、地震後一年経っても、マンションなどでは窓を閉め切っていても室内にほこりが入ってくるし、外を歩くときにはマスクが必要となるなど、まるで北京のＰＭ２・５と同じ状態でした。液状化して堆積し乾燥してしまった土をスコップではがそうとしても、とても歯が立ちません。砂粒が入っていないのでまるでモルタルのように固くなっていました。ヘドロに含まれていた有機物が腐敗して溶存メタンガスとなって、これが震動で分離し液状化したものです。

去る二〇一一年八月一六日、日経新聞渋谷和久記者の囲み記事「埋め立て時期で液状化被害に明暗」に、液状化現象の主因が地下水中の溶存ガス説を裏付けることを次のように書いています。
「古い時期に埋め立てられた浦安駅前より、新しい埋め立てである海側の明海地区へいくに従い液

信越化学工場敷地。砂噴火口の周囲は同心円状に炭粒が並び、中心から離れるにしたがってその粒径は小さくなっていた。建屋の周囲の液状化は激しく壁面には約１mの高さまで泥の跡がついていた。右側はラテラルフローで標高の低い信濃川方面へ崩れ流れており、はるか昭和大橋も橋げたがことごとく落橋していた。

図6　新潟地震での液状化現象のイメージスケッチ

状化被害は少なくなっている。しかも液状化して噴出した土は明らかにシルト質である」

これは埋め立てられたばかりの明海地区では地盤中の有機物の腐敗が進行しておらず、地下水中の溶存ガスが少ないことで液状化被害は少なかった、一方、古い駅前地区は腐敗が進み溶存ガスが大量に溜っていたことで液状化被害が甚大となったものである、と合理的に説明できます。しかもまだ有機物が残っていると再度腐敗が進み溶存ガスが発生します。海岸近くの新しい埋め立て地も、時間が経って有機物が腐敗すると溶存ガスとして蓄積され再度地震が起きると再液状化となります。これは有識者の学者先生が主張している砂粒子の再配列メカニズムでは真逆な結論となり、絶対に起こりえない再液状化現象です。

二〇一一年一一月一日の東京新聞朝刊一面トップ記事には「液状化の副産物」として、「地中に

多数の空洞 完全復旧には時間がかかる」と報道されていました。道路のアスファルトの下にかなり大きな空洞が多数発見され、非常に危険な状態であるとのことでした。浦安市の調査では市道二八キロで二六〇カ所発見されたとのことです。いわば至るところです。この空洞ができた原因については、液状化によってドロドロになった土が下水などに逃げてしまったり、液状化で土砂が噴出したりした跡がアスファルトの下に空洞として残ったものと図解でわかりやすく説明していました。

たしかにそのような事象で空洞はできますが、液状化の主因である写真で見た白い泡の溶存ガスが逃げ場を失ってアスファルト下に溜まったものと考えるほうが、多数の空洞発生の原因としては説得力があるのではないでしょうか。これは深い地層で溶存ガスが溜まるとガス田として開発されているのと同じです。

二〇一二年二月二八日、夕方六時半のNHKのニュースで、利根川《とね》の堤防での液状化対策工事が紹介されていました。長さ約一〇メートルのシートパイルの打設による液状化対策であるとのことでした。しかし、シートパイルを打つだけでは液状化対策にはならないはずです。詳細はわかりませんが、そのときにクローズアップされた液状化跡が、まさに新潟地震での信越化学工場でのスケッチと同じ同心円の黒い炭が残っていました。たぶん、利根川の三日月湖でその下に草などの有機物があったもので堤防全体が緩んでしまい、補強することになったのだろうと思います。堤防などの重要施設建設の際には三日月湖跡など確実に調査しておかないと非常に危険です。

液状化対策工の失敗

二〇一二年三月一四日、NHKのクローズアップ現代で「あなたの家は大丈夫 再液状化の脅威」というテーマで再液状化問題を取り上げていました。ニュージーランドでは四回も原因不明の再液状化が繰り返された地区があるとのことです。東京電機大教授の解説ですが、その基本的な判断基準はあくまでも「砂粒子の再配列での液状化」であり、砂粒子の再配列では四回も繰り返し液状化するはずはないので、結論は原因不明で想定外とのことでした。ニュージーランドの液状化も有機質土からの溶存ガスが原因であると思います。しかし、北海道のピート地層も同じように有機質土ですが、こちらは地表面にあるので溶存ガスは溜まることはないので液状化の危険はないはずです。

二〇一六年五月七日には、東京新聞朝刊トップに羽田空港のC滑走路での液状化対策工事が、計画の僅か五%しか薬液を注入できなかったと内部告発がありました。社長以下三名が並んで頭を下げ、社長は辞任とのことです。滑走路の幅は五〇メートルほど、その横から水平方向にボーリングをしてその先端から薬液を圧入、直径約二メートルのバルーンを造り、二メートル引き下げて、また二メートルのバルーンを造り、これを数珠のようにつなげていくとのことです。さらに隣に移って滑走路の先端まで横方向ボーリングをして、二メートルずつ引き抜きながら薬液バルーンの数珠をそろばん玉のように敷き詰め、さらのその下にもう一枚薬液バルーンをそろばん状に敷き詰めて液状化対策とする工事です。その請負金額は三三億円とのことです。これが予定どおりできないということで内部告発となりました。

まず滑走路の横から行う水平方向のボーリングの難しさですが、軟弱地盤では地中で曲げるための反力がとれず多分無理です。さらに水平ボーリングを平面的にも直線的に並べていくなど、現場を知らない机上の空論技術です。

滑走路下は既に地盤改良されており、巨岩やコンクリート片などが埋まっていて横方向ボーリングはできるはずがありません。しかもバルーンを造るために、薬液の圧力を上げると滑走路が部分的に浮き上がってしまい、それこそ大事故になりかねません。さらに抜きながら直径二メートルの巨大な薬液バルーンを滑走下に造ろうと考えるのは、まさに絵に描いた餅以外の何物でもありません。それを信じて三三億円も出し許可するとは、請負側も発注側もどちらもどちらで、技術力がなさすぎます。滑走路下はそれほど軟らかではありません。

しかも、なんと松山空港と福岡空港、さらには羽田空港の誘導路や千葉港でも既に実施したとのことでした。たぶん全工事ともに、滑走路下には連続平面バルーンはできていないはずです。できたとしても液状化対策として何の役にも立たないと思います。液状化地盤はもっと深い位置にあり、地下水中の溶存ガスが主因であるはずなので、液状化した泥水はバルーンごと持ち上げてしまう危険性もあります。幸い五％の実績とのことなので、これなら液状化対策には何の役にも立ちませんが助長することもないでしょう。しかし、バルーンの重さは加算されるので、圧密沈下は助長されてしまいます。生成されたバルーンがどのようにできているかの確認が必要であり、早急の対策の再検討が必要であると思います。

それにしてもこのような重要工事にこの工法が連続して使われるには、それなりの認定工法であろうと思います。誰がどのようにして認可を与えたのかわかりませんが、認定者に責任はないのでしょうか？　絵に描いた餅に大金を支払うとはあきれ返ります。

このように、連日はオーバーですが、マスコミは液状化問題についてかなり興味を持って報道しています。しかし、どうしても核心に迫っておりません。

それは液状化現象の主因の誤解から始まっているので、それを確かめようと、現役時代を含め、実験室的にはトライアンドエラーの繰り返しをしましたが、結局は達成できず転部転籍で定年を迎えてしまいました。その後は、定年後自由研究のテーマとしてテレビ、新聞、インターネットなどのマスメディアから情報を集め、現場に行って確かめ、大量のデータと状況証拠から液状化の主因を捉えております。

大震災の大火の真因は液状化現象

一九一四年（大正一二）九月一日の関東大震災では、震動による被害より圧倒的に大きな被害となったのは火災による被害です。東京墨田区横網町の被服廠跡では余震の続く中、大八車に家財道具を積んで避難してきた四万人もの人命が一挙に失われ、芝の某電機会社の工場でも四〇〇〇人もの人命が失われたとのことです。ちょうど昼時であることから、昼食の準備のために火を使っていたこと、台風の余波で風が強かったこと、薬品の瓶があちらこちらにありこれが落ちることで発火したこと、などが原因として挙げられました。しかも、その火力は激烈であり普通の火災とはまるで違うもので、あちらこちらから火の手が上がって、消防もまったくのお手上げ状態であったとのことです。中央気象台での気温も四六度まで跳ね上がったとのことです（山本美編『大正大震火災誌』中村清二博士「大地震による火災」改造社より）。

井上禮之助博士は同書で、震災と地質の変化の液状化について、沖積地盤でも地盤の割れ目から泥水が高さ一尺三寸（約四〇センチメートル）も吹き上がり、木片も出てきたとのことです。また、この地震に伴う火災の特徴は、その発火地点の地理的分布であり、出火密度の高いところは地盤の悪いところで、埋立地や新開発された地点であること、例えば、早稲田田圃、赤坂田町、……など水田に着目し、ここを埋め立てて造った長屋からの出火が目立っている、と書いています。

一九九五年一月一七日、阪神淡路大震災でも神戸市長田区は沖積地盤で、その火災の状況は関東大震災と同様に火元があちらこちらから上がり、消防は消しても再出火してしまいあの大火となったとのことです。その真因は、軟弱地盤の液状化によるメタンガスの発生です。

地震動による液状化の発生は、地下水中の溶存ガスで地盤の強度が失われるばかりではなく、これが発火して火災が起き、木造建物密集地帯やコンビナートなどでは消防でも手のつけられない大火になる危険性があることを忘れてはなりません。

液状化地盤調査提案

[後輩技術者へ]

1．液状化を起こしている地盤はほとんどが人工的に造った地盤であり、液状化被害は人災です。

2．地下水位以下では、砂地盤でも粘性土地盤でも、有機質材料が入っている地盤では液状化の危険性があります。川や田んぼや湖沼を埋め立てるときには、その底にある有機物を全部取り去り、埋め戻す地盤材料にも有機物を入れないように。既に浚渫盛土などで造成された埋め立て地盤は、永久に地下水位を下げておけば液状化の恐れはないはずです。

3．粘性土地盤では液性限界試験と塑性限界試験結果の解釈が不足しているのではないでしょうか？　熊本地震での余効現象と地震学者が定義している粘土（図4）を見ると明らかに液性限界を超えた含水比を持った粘土であり、繰り返される余震の地震振動を受けると液状化を起こす粘土です。

[後輩研究者へ]

実験室的には、砂地盤でも粘性土地盤でも地下水中に溶存ガスをつくることができません。

さらの炭酸水などを使っても温度の要素が大きく再現性がないので実験室的な検証は無理であり無駄です。

ではどのような現位置調査をやると、安い費用で再液状化に対する危険度がわかるのかについて提案します。この問題は本来、国家的、組織的に検討すべき事項ですが、今の有識者の先生方では無理なので試案としての提案です。

なお、現行の圧密理論を見直して、有効応力の増加が直接全体の圧密地層へは影響しないことの合理的解明をしてほしいです。

［調査項目］

1．地面の歴史調査が最重要です。液状化の経験があるか？　埋め土か切り土か、田んぼか、川か、三日月湖か、などなどの歴史を調べます。砂地盤であるか、粘性土地盤であるかは、大きな問題ではありません。旧カルデラ湖や緩傾斜地地盤など特殊な地盤の場合もあります。

2．地盤調査の深さは、新潟地震他の地震での液状化最大震度が一五メートルであったことから、これまでは一五メートルを最大震度とされていましたが、熊本地震では五〇メートルの深さまで液状化の可能性があります。このことから基盤となる硬い地層までの軟弱地盤は全層に渡って液状化の調査が必要です。

3．ボーリング調査では地下水位測定と有機物の有無の調査が重要です。

4. 地下五〇メートル付近までの軟弱層での有機物の存在を調べることになります。

4－1. 連続サンプリングをしてまず色を見ます。黒っぽかったり草木の繊維質が混じっていたりする場合は、再液状化に危険性ありと判断します。粘性土でも水分量を調査します。

4－2. 次に一〇〇℃で乾燥させ、その重量を測り、これをさらに一二〇℃に熱して有機物を炭化させてから、その重量を測ると有機物の重さがわかります。僅かでも減少した場合は再液状化の危険性ありと暫定的に判断します。

4－3. そのほかボーリング孔内の温度分布なども有益な情報ではないかと思いますが、検討事項です。有機物が分解していると温度が上がるはずです。このへんの判断はデータを集めてから結論すべき検討事項です。

4－4. 匂いやガス検知器なども動員することになるかと思いますが、これもデータを集め検討事項です。

5. 砂質土の動的せん断試験は必要性が低いと思います。むしろ粘性土の液性限界、塑性限界などのコンシステンシー試験を各層で実施する必要があります。

以上のように、液状化現象発生の主因は砂地盤では地下水中の溶存ガスであることから、有機物が含まれている地盤は再液状化の危険性が非常に高いはずです。液状化マップではカバーされていません。また、サンドコンパクションなどのいわゆる液状化免疫工法は有効性が低いようです。液状化が起きないとされている粘性土でも液性限界を超える含水比の粘性土層がある地盤は繰り返される余震で液状化を起こしランドスライド、ラテラルフローなどの地盤被害の危険性があります。

第6話

広島土砂災害の真因

広島土砂災害の特殊性

二〇一四年八月二〇日、広島では未曽有の土砂災害が発生しました。前日の夕方から降り始めた雨は、二〇日午前三時二〇分ごろから一時間当たりの雨量が一〇〇ミリを超える集中豪雨となり。二〇日の午後六時までの総雨量が二四三〇ミリ、なんと二メートル四三センチに達し、一九七六年に統計をとり始めてから最大雨量であるとのことでした。

被害は広島県北部の安佐《あさ》南区と安佐北区に集中して発生し、土砂崩れ一七〇カ所、道路橋梁への被害二九〇カ所、死者七七名、重軽傷者四四名と日本の土砂災害による人的被害は過去三〇年で最多最悪とのことです。

写真は土砂災害の起こった阿武《あぶ》山に刻まれた土石流の痕跡と麓の被災地区の様子です（図1）。

この写真を見て気づくことは、

1．土石流とはいえ、はがされた痕跡が非常に細い割に被災地域の範囲が広いこと。被災地へ流出した土石量

図1　阿武山の麓に発生した土石流被害状況（国土地理院写真に筆者加筆）

が非常に多いこと。
2. 麓の被災地区の発生標高が写真の赤線のようにほぼ水平となっており同じような黄土色。
3. 大規模な土石流であれば直線的に流れ下るが、写真ではうねうねと流れている痕跡であり、それほどの破壊力はないはずである。
4. 手前の太田川は緑が目立ち、氾濫していない。

図2の写真はそのクローズアップで県営緑が丘住宅上での渓流と被災住宅地ですが土石流の痕跡から類推できる供給土砂量と赤線から下の被災土砂量が圧倒的に違っています。

どうしてこのような土砂災害が起きたのでしょうか?

この原因をきちんと調べないで、山からの土石流が原因であると決めて、その対策工法として土砂ダムを四二カ所二六〇億円かけて整備しております。災害三年が経過して現在は三五カ所完成したとのことです(図3)。本当にそれでいいのでしょうか?

いまだにインターネットで「広島土砂災害」を検索で調べると、内閣府防災担当やユーチューブを始め大量の情報が入ってきます。

被災住民の声で、大半はもう帰りたくないとの意見が多く、空き地が目立っています。インフラが整備され、土砂ダムができても、どんどん過疎になっているとのことです。

住民は土砂ダムができても、安心できないことを知っている様子でした。まさにお役所仕事で、土石流だから土砂ダムで防止できると判断し、巨費を投じて無駄遣いをしているようでなりません。

災害発生の一年後には、テレビ番組の特集で、流出している土砂の量や巨石の大きさは想定外であるとのことでした。その原因を調べるために実験室で巨石を並べ、その上に砂を重ねた装置を造り、これを斜めの滑り台のようにして傾けて水をまき、土石流の大実験をやっていましたが、これで一体何がわかるのでしょうか？　結局何もわからず、結果は想定外とはあきれたものです。同様に、大小のビー玉を並べ坂道にして雨を降らせ、大きいビー玉が遠くへ行って、小さいものが近くで止まるという幼稚な実験をテレビで公開したものがありました。そこでは「逆グレーティング現象」が起きているので砂防ダムの建設が必要であると説明していました。

しかし、いずれの実験も今回の広島土砂災害をシミュレートしているとは思えず、このよう

図2　県営緑が丘住宅地の渓流と被害状況クローズアップ
（国土地理院写真に筆者加筆）

なレベルの実験をして、衒学的な専門用語を用いて煙に巻いたようでしかたがありません。結論的にはこれらの実験結果を踏まえて、土砂災害再発の防止として、山裾に土砂ダムを四二カ所も造っています。

一九六七年七月に同じような土砂災害が隣の呉市でも発生しており、死者一五九名も出ました。このときの死者の大半は洪水によるものであり、地盤条件は広島と同じ花崗岩とその風化の真砂土であることが土石流になり洪水氾濫を引き起こしたものです。その教訓を生かせないでまたまた同じ轍を踏んでいるように見えます。

本当に土砂ダムの建設で広島をは

伏流水の水圧を高め危険性が増大するように思えるのだが。3年経つと背後の土石流の痕跡はほとんど隠れてしまっている。

図3　県営緑が丘住宅団地上に完成した土砂ダム（広島スタイル（ブログ））

じめ花崗岩地帯の土砂災害を止めることができるのでしょうか?　答えはNO!です。

真因は被圧伏流水による液状化現象の発生

市街地での洪水などではマンホールのふたが飛び上がり、噴水のように水が吹き上っている映像を見たことがあるだろうと思います。広島の土石流発生の原因は、あの現象と同じで地中の花崗岩の間隙に入っているガスや水が、山に降った大量の雨で圧力を持ってしまい、伏流水として流れ下り吹き上げたことによるものであると思います。もちろん土石流として上流から超高速で流れ下ってくる土砂もありますが、圧倒的に大量の土砂は地中から湧き上がるようにして生まれたものであろうと思います。

図4は、中国地方の花崗岩地帯の断面想像図です。数億年も前の話ですが、中国地方は大陸から離れて日本列島が生まれるとき、大陸のプレートの上部はマグマの冷えた花崗岩でできていました。山頂付近に残る堆積岩は、マグマの上に載っていた海底堆積物の痕跡です。どんどん太平洋のほうへ移動しながら横方向からもフィリピン海プレートが押されて、構造的なクラックができ、神戸の六甲山《ろっこうさん》から東の中国地方全体に断層が網の目のようになっています。その断層の割れ目には細かく砕かれたものや風化した真砂土が入り込んでおり、空気も入っています。地表に近いところになるにしたがって風化の度合いは進んでおり、花崗岩は細かく砕けて、最終的には全部が真砂土となって地表を覆っています。山頂近くでは真砂土はすぐに流れてしま

いますが、谷筋には厚く堆積することになります。地下水位は図の黒の点線で示しているように、山頂付近では比較的に高い位置にありますが、下るにしたがって地下水面位置も下がってゆきます。山頂付近に降った雨が海まで流れ下るのに時間がかかるのでこのような分布となっています。

このような地下水位の状態のところに一時間当たり一〇〇ミリを超え、七時間で二四〇〇ミリを超える局部的な集中豪雨が降れば、地下水位は薄い青色点線のようになり、山の表面全体が水の膜で覆われ、山腹での花崗岩や真砂土の隙間に残っている空気は水に挟まれ、樹木の根っことその重さによって水風船のように圧力を高められた伏流水となって山の

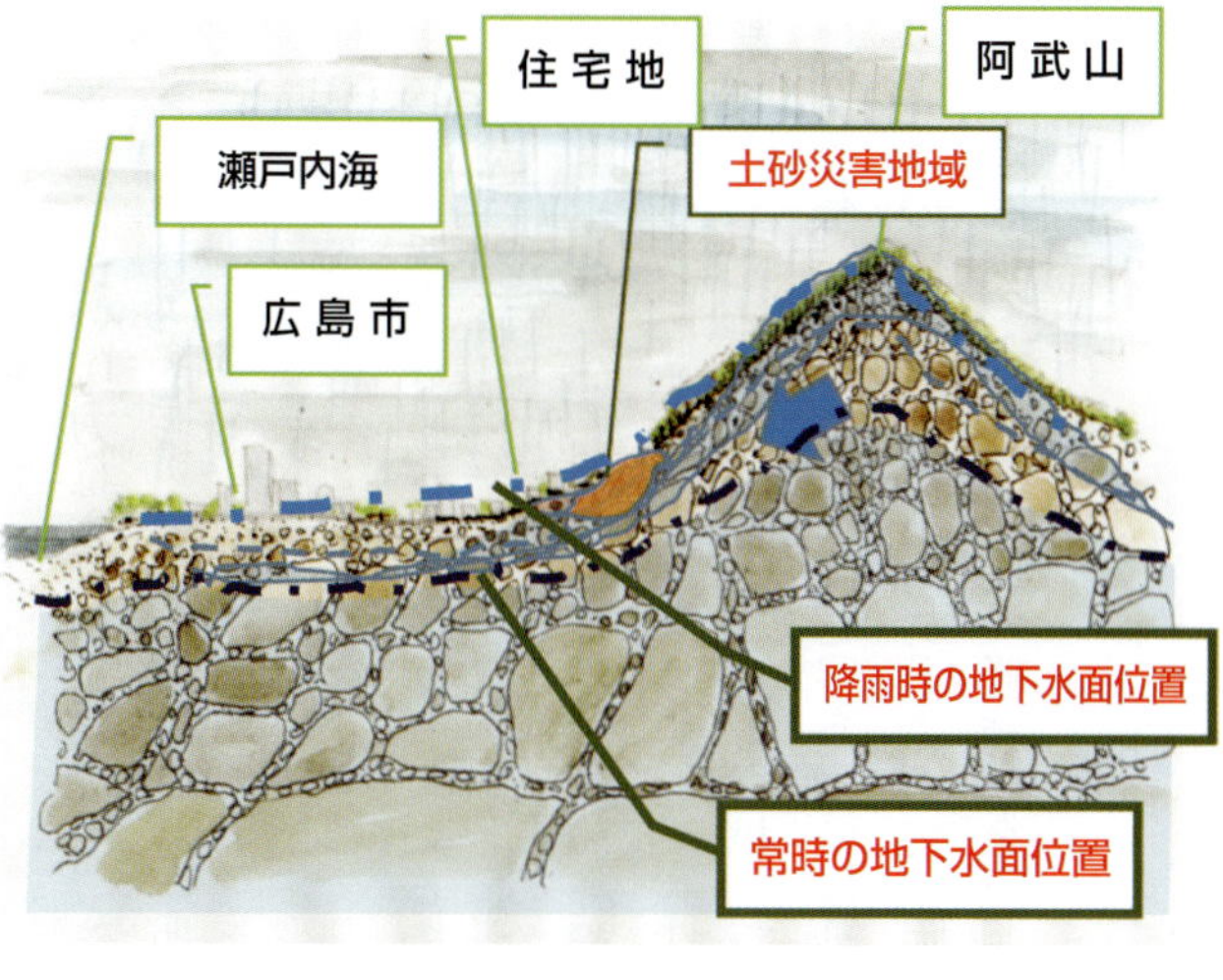

阿武山に降った集中豪雨は花崗岩の空隙を埋めることなく一斉にいわば水の蓋をして伏流水として駆け下りた。住宅地では下からの湧水として土砂と一緒に吹き上げた。

図４　中国地方の花崗岩地帯の断面想像図

中を下ります。阿武山の表面を流れる水も、樹木がないので伏流水の水圧で持ち上げられた巨岩も巻き込んで土石流となって流れ下ります。

伏流水は空気を巻き込んでおり、加圧され麓に下るに従い圧力は高くなっていると同時に、山の中の真砂土層と花崗岩の隙間を流れ下ったと考えられます。すなわち加圧された間隙伏流水が流れ下るより速く圧力だけは山の麓へ伝わります。

被圧伏流水の出口はハケといわれるゾーンですが、広島の場合、ハケのゾーンまで住宅開発が進んで、新興住宅地の道路やら学校の校庭のアスファルトによってふさがれているので出口がありません。新興住宅の基礎は皆、べた基礎であり擁壁も全面的にコンクリートでできていて、古い家の独立基礎やら布基礎のように地面が露頭していません。開発前までは自然林や田んぼや畑であったので過剰間隙水は解放される逃げ場所がありましたが、開発によって大半が塞がれました。そのために山中で閉じ込められた間隙水は、さらに圧力を増してくるわけです。住宅団地と山麓との境界付近で、人工的にカットしてあるところや住宅の庭、あるいは墓場のようなところは自然の地層が露頭しているところです。このような露頭地層のところで圧力を持った伏流水が飛び上がるように解放されたと考えないと、次のような住民の経験談を説明することができません。

1．土石流が来る前に土の匂いがした。

2．土石流が来る前に、裏山が爆発するような猛烈な音がしたと思ったら一階の北側が完全に飲み込まれた。

3. 墓石は残っているのに骨壺を収めている墓室（?）がどこかへ流れてしまった。止むなく墓石を拝んできた。

4. 道路下の上下水管が流れてしまっていた。どうすれば道路下の上下水管だけが流れるのだろうか?

5. となりにあった家が基礎ごと流れていった。

6. 寝室の床が持ち上がってきた。

いずれの事象も地震時の液状化現象にかなり似ています。麓に広がる開発地域全体が過剰間隙水圧を持った伏流水による上向きの流れで、地表面は液状化現象と同じ状態となっています。このため、液状化した土砂は低いほうへ流れますが、いわゆるラテラルフロー状態となり下水管や墓室が流され、建物も支持力を失い、べた基礎ごと流されて破壊されます。

冒頭の写真（図1）での特徴的な被害の様相や被災後に大量に地表面を覆っている土砂は、まるで液状化した真砂土で、山から下ってきた土石流での土砂ではありません。手前を流れている太田川は氾濫していないので、広く山裾を覆っている土砂は液状化で上昇してきたものも含まれているものと推察されます。この写真を図5に加筆再掲しますが、赤丸で示しているゾーンは土石流によって被災したゾーンではないことがはっきりしています。まさにこれが過剰間隙水圧を持った伏流水によって沸き上がり液状化した土です。二〇一四年九月一九日、NHK

を見ていたら、復興状況を解説していた広島大学土木の土田教授は「地盤が液状化したときのように見える」と発言していました。多分これは正解であると思います。

山裾はママ下とかハケとか地域によって呼び名は違っていますが、裏山の安定を保つためには重要な役割を果たしているゾーンです。しかし、この重要なゾーンで、県営団地や市営の分譲地など、危険な開発をやっていたとはびっくり仰天です。

図6は、被害発生一年後の二〇一四年八月に、拙ブログで広島土砂災害をテーマとして連載したときに使ったもので、山裾での被害の原因を下から上向き水流によって強度を失った液状化であると説明しているものです。

以上のように、今回のような土石流被害を防止するとして造られている多数の土砂ダムは本当に役に立つのでしょうか？

は土石流での被害ではない液状化ゾーン
の家が残っていることは土石流の規模は限定的

図５　過剰間隙水圧を持つ伏流水による液状化した土
（図１の加筆再掲）国土地理院写真に加筆

麓に発生した被害の様相を写真とユーチューブで見る限り山腹からの土石流がすべての原因であるはずはないと思います。一部渓流直下の被害は確かに土石流ではありますが大半はいわゆる過剰間隙水圧を持った伏流水の爆発的な噴出であり、液状化に近い現象であると考えたほうが合理的ではないでしょうか。

花崗岩の亀裂内の空気は A) ゾーンでは樹木の根っこや集中豪雨の水で蓋をされて加圧されて山腹から麓へ下る。B) ハケのゾーンで加圧伏流水は解放されるのだが、広島では塞がれていた。C) ゾーンでも開発が進んでおり地表面は道路や住宅などでシールドされ圧力が高まり、隙間より上向き水流となっていわゆる液状化状態となる。

(https://blogs.yahoo.co.jp/murasaki11haru)

図6　下からの上向き水流によって速度を失った液状化状態

このことから、土砂ダムでは過剰間隙水圧を持った伏流水を完全には防ぐことはできないことに加えて、伏流水の間隙水圧を高める逆効果となる危険性があると考えられます。

幸いなことに、被災した住宅団地の人々は土石流が今回の土砂災害の主因ではないことを経験的に理解しており、土砂ダムを造っても安全は確保できないことを知っているようです。しかも、高齢化が進んでおり、二重ローンを払ってまでこの危険な土地での再建は望まないとのことで、過疎化が進んでいるとのことです。また新たに排水機能を持った、いわばハケの機能の道路を新設する計画もあるとのことですが、道路と山麓との間の住宅地は危険性が残ることになり、行政的にレッドゾーンとイエローゾーンに分類され、建築基準が厳しく制限されるようになったとのことで再建する人はあまり出てこないのではないでしょうか。

第7話

回顧　紫綬褒章受章技術

山留崩壊事故

一九七三年一一月二七日、某工務店・X組JVが進めていた東海ビル建設現場では、地下二〇メートルまで掘り進んだところ、最新工法で設計され施工されているメモリアルタワー東海ビルの地下工事での山留は、ぎしぎしと音を立てて崩壊してしまいました。前面道路は国道一五八号線で交通量は昼夜を問わず激しく行き交い、敷地周囲にはRCのビルが近接しています。その周囲のビルには、地下室はありませんが管理の宿直の人は住んでいました。二〇メートルまで掘り進んだ大穴に、道路もビル群もゆっくりとスローモーション映画のように吸い込まれていきました。

死者こそは出なかったもののRC造のビルが四棟、住宅二棟、クレーン車や乗用車なども飲み込まれ、国道も完全に切断されてしまいました。事故現場を見て早急な復旧は誰の目にもほとんど不可能であり、復興記念事業でも海洋博開催関連の東海ビルの工事はそのメインホテルにもなる予定であり、突貫工事で進められていました。これが倒れたことで知事をはじめ県の経済界も大混乱です。最も厳しく糾弾されたのは、請け負っている某工務店、地元のX組とその現場所長、山留工事担当の工務社員であり、下請けの土工会社です。

真っ先に某工務店の本社技術部と技術研究所へ事故の連絡が入り、急遽事故現場へ直行しました。現場所長や担当工務社員に事故発生時の状況やら掘削手順に間違いはなかったか、聞き取り調査をはじめ、復旧について検討を始めました。しかし、山留壁や切り張りの鉄骨が折り重なる上に、RCの四階建てビルや木造住宅、掘削用の重機や山のような鉄骨資材が折り重なり、切断された国道下に埋設されている下水管からは音を立てて下水が大穴に流れ込んでいるのを目の当たりにして、百戦錬磨の本社の技術部長も天を仰ぐ以外方法が見つかりませんでした。掘削工事の手順に間違いはなく、もちろん地下工事では業界をリードする某工務店の技術陣は、改定された日本建築学会の基礎構造設計基準も自社の社内基準や最近開発されたコンピュータソフトの弾塑性設計法などでも多重にチェックして、万全を期してこの重要構造物工事に齟齬はあってはならないと全社を挙げて対処していたものです。

山留崩壊事故の原因は複合的なものですが、そのうちの主犯は軟らかい地層の下にある硬い地層を掘削するときに起きる常識的な現象の切り張り軸力の増大です。土圧がないと判断する設計法の採用が事故の最大の原因でした。当時の建築学会の設計基準の誤りが糾弾されるべき大問題です。安全管理法も切り張り軸力や山留壁の背面の土圧測定が差し迫っている山留崩壊の危険性の警鐘を鳴らすことなく、逆に安全のシグナルとなっていることも大問題でした。切り張り腹起しの連続性の欠落や掘削手順が掘りやすい道路側掘削を先行したことによる偏土圧で、切り張りには水平方向の曲げモーメントが作用したなども事故の遠因となっていました。

周辺地盤では、道路のクラックの幅も広がりはっきりと同心円状に発生してきました。上下水道管が引きちぎられ、クラックから水があふれだし、ガス漏れも始まり緊迫してきました。

山留崩壊の影響をできるだけ少なくするように、消防にはポンプ車を増やして大量の水を入れ始めましたが、焼け石に水、全面崩壊となりました。

復旧は断念され、地下に埋まっている鉄骨などの建設資材は取り除くことができず、そのまま埋め立てられ今は何事もなかったように公園になっています。

東海ビル工事の事故より四年前に、東京大手町の某ビルの建設現場でも同じような山留崩壊事故が発生していました。目の前に皇居の内濠があり、崩壊事故の影響でお堀の水が流れ込んでこないかと心配されましたが、道路の幅が広いこともあって事なきを得ました。しかし、敷地周囲の道路に埋設されているガスや上下水道管は切断されて、電線は垂れ下がり全面的な交通規制となりました(図1)。

事故の起こりやすい地盤状況であることはわかっているので、担当する大手ゼネコンは全社を挙げて掘削工事の安全に考慮し、優秀な所長と工務系社員を担当させ、経験豊富な土工会社を下請けにそろえるなどの配慮にもかかわらず、すべての掘削工事現場では大なり小なり掘削工事でのトラブルや事故が起きてしまいました。当時採用されていたH形鋼の切り張り材の製品精度は粗悪品が混ざっており、切り張り材の端部にあるエンドプレートなど入っていないものもあったり、曲がっている材料なども混在したりしていました。しかも、掘削は一〇〇×五〇メートルとかなりの広さがあり、一〇〇メートルもの長い切り張りは、キリンジャッキを使ってもしっかりと真っすぐに組み立てることができず、いわば緩く縮みやすい切り張りで、その持つべき役割である山留壁を受け止めるという役目を果たすことができない状態で切り張りが架設されていました。このため、短辺側の山留壁の移動量が大きくなり直行する長辺側の切り張りを曲げることになってしまい座屈してしまいました。

当時多発したこの付近の山留崩壊事故の原因は、「切り張り材は緩めて使い、山留壁が内側に移動しやすくすることで、山留壁にかかる土圧の減少をはかり安全を確保することができる」と学会の先生方は指導し、ベテランの現場技術者はこれを信じていたことにあります。したがって、切り張り材の製品制度などはやかましくなく、多少曲がっていてもエンドプレートがなくても問題とされなかったことが大きな問題でした。当時NHKの大河ドラマの「平将門」が放映されており、その首塚が近くにあることから「将門の祟り」であると信じられ、毎月の一日、一五日に必

図1　某ビル工事での山留全面崩壊現場

ず掘削担当者は総員でお参りに出かけました。おかげさまで、付近には浮浪者が集まり、お供え物のお神酒でとぐろを巻いていました。

筆者提案の「仮想支点法」「切り張りプレロード工法」「山留安全管理法」のセットで設計施工された最初の現場は、この将門塚の横の「物産本社ビル」（図2）工事です。幅一一〇メートル、長さ七六メートル、深さ一五メートルまでの超難工事。しかも根切り工事途中でオイルショックが発生し、約一年間工事がストップしてしまいましたが、少しの地盤沈下もなく予定通り地下工事は完了しました。

地下掘削工事を伴う大工事は、大手の建築工事ばかりではありません。東京オリンピック終了後のバブル景気のときには、都市インフラとしての地下鉄工事や下水処理施設、地下高速道路工事などのインフラ整備のための地下工事でも、大きな事故が続いていました。大阪の高速

図２　本格的に切り張りプレロード工法を採用した最初の現場の物産本社ビル

道路工事では、掘削により道路の周囲の地盤沈下が激しくなり、ガス管が床下で引きちぎられ、はずされることでガス中毒による死亡事件や、名古屋、横浜、札幌でも地下鉄工事で立て続けに掘削工事関連事故が発生しています。そのほとんどで共通している原因は、山留め設計法の基本が根本的に間違っているから、設計どおりに忠実に施工したとしても事故を免れることができませんでした。逆に言うと、事故を誘発するような周辺地盤が沈下をすることで成り立つ設計法が、国家の標準設計法として守らざるを得ないことになっているからです。

山留崩壊事故の真因

先の東海ビルの崩壊事故も周辺地盤の沈下は問題としていない山留設計法と安全管理測定法でしたので、事故発生は当然の結果です。

その設計基準は掘削される地盤を軟らかい粘土、中位の粘土、硬い粘土、砂、に分類し、状況に応じて地下水の圧力を加えることになっています。この土圧分布を外力として、弾塑性法、下方分担法などの設計法で山留架構の設計をすることになっています。しかし、掘削される地盤はそれほど単純に分類できるものではなく、粘土層や砂層が入り乱れていることが多く、設計基準ができたころの地下室はせいぜい地下一階でしたが、地価の高騰と建設機械の高能力化によって地下四〜五階までつくることが要求されてきました。したがって、従来設計法の適用範囲を超える工事でも対応する設計基準がなく、止むなく先のような単純な地盤種別で分類して設計されていたために問題が起きたのです。このことより、柔らかい粘土の下の硬い砂層を掘る場合などには、想定外に大きな切り張り軸力が発生し測定されていました。

建築学会基準での設計法では、掘削することで山留架構には切り張りという土留めに圧縮力がかかり、山留め壁は土圧によって曲げられます。切り張り材が圧縮した分と山留壁の曲げられた分の容積分は、周りの地盤の沈下となります。この沈下を容認する設計法であり、圧縮力を小さくするには、山留壁が掘削側に移動すると土圧が減少し山留架構の経済設計となる設計法となっているからです。良心的な工事ではこの土留め壁の変形をできるだけ少なくなるように設計以上の太い材料で造っていますが、それだけではこの問題は根本的には解決はないのです。基本的に山留壁を掘削する前の状態を保って、垂直を維持できるような設計法でないと解決がないのです。

新しい山留設計法の施工法・測定法の提案

この難しい問題を解決できる設計法は、すでに自分の修士論文で結論していました。これを実工事で採用して建築学会に論文を提案したのが、一九七二年、第七回土質工学家研究発表会で発表した「掘削工事における山留架構の構造計算法―新しい山留設計法―」で、仮想支点山留計算法と名付けたものでしたが、まるで一顧だにされませんでした。

当時の先進国のアメリカでの実績に基づいて提案され、建設省の指導の下、建築学会、地盤工学会、土木学会などの学者が集まって検討して採用されている土圧論を崩すことなど、ゼネコンの一研究者が提案しても無視されます。ちょうど、地震発生は活断層が切れたり、陸のプレートが跳ね上がったりすることで地震は発生するという第1話で紹介した「プレートテクトニクスでの地震発生のメカニズム」を信じている地震学者の主張を法律としている文科省と同じです。

この仮想支点山留設計法の合理性を検証するために開発した施工法及び計測管理方法が大いに役立つことになります。

施工法は、単純に掘削される地盤が持っている土圧を掘削前に切り張りに導入することで山留壁を背面側に押し戻し、山留壁と掘削側根切り底とは目視はできないほどの小さなクラックを発生させたのちに掘り取ります。すなわち、背面の土圧を山留架構が受け持つという考え方を変え、掘削される山留壁の内側の地盤が持っている土圧に置き換えて山留架構が支持するという発想の逆転です。載荷の力学を除荷の力学に変更したのです。

これを実現するためには、根切りの底に配置した切り張り架構の全体に実際の土圧と同じ力で山留壁をあらかじめ押し戻す必要があります。このためには一本一本ジャッキで押し込んでいたら切り張り架構に集中的な力が入り、山留壁を効率よく押し戻すことができず、東海ビルと同じ事故が起きてしまいます。これを長辺・短辺それぞれ一斉にジャッキを連動させて山留壁を押し戻してから、掘削に入ることができればすべて解決できるはずと考え、ジャッキの圧力と同時にストローク管理ができ、しかもすべてのジャッキを連動することができるようなシステムをくみ上げる工法を特許工法として提案しました。そしてその工法の名前を「切り張りプレロード工法」と名付けました。出願は一九七二年六月九日ですが、登録が一九八四年七月二六日と、学会をリードする教授からのクレームでなんと一二年間もかかりましたが、出願内容を変更することなく特許番号一二一八九五四号（発明者 野尻明美）として登録となりました。

山留計装管理法は、土圧計など高価なものは使わないで、みぞ付きのアルミパイプあるいはガイドレール付きの塩ビのパイプを山留壁の中あるいは山留壁の挙動と一体化するように固定して、そのパイプの変形角度を一メートルごとに精密に測り、この傾斜角を積分することで、山留壁の変形状況と微分し曲げ応力分布を計算して剪断力まで推定することができます。そして山留壁が鉛直になっていることを確認し、安全性を確認する方法を提案して現場に取り付けました。

この測定法は、従来の使い捨て土圧計のように山留壁に埋め込む必要がなく、精密な傾斜角測定器を現場に持ち込んで山留壁の傾斜角度を計るだけで、現場全体の山留壁の測定が可能となります。終了後は、次の現場への転用再利用ができるという優れものです。さらに、これを自動測定できるように改良したものが現在も使われています（地中変位自動測定装置 特許一七二六五八七、登録一九八六年九月一七日、出願一九八六年九月一七日 発明者 野尻明美 他）。なお、この測定装置はNEC本社ビル工事で最初に使われました（図3）。

東海ビル山留崩壊事故後五年ほど経つと、わが社の大規模地下掘削工事では、現場所長や工務担当者や下請けの山留仮設業者が、この安全掘削設計法を理解し、従来設計法で計画されている山留架構も設計見直しをかけて、安全に安くしかも工期を短縮できることなどが浸透されてきました。共通下請けの土木業者もこの安全山留設計法の合理性を理解する団体が現れ、共通仕様書などにも取り入れられ、一九七七年の国際土質工学会議が東京で開かれたときには、そのオープニングセッションで国際土木学会会長の東大福岡正巳教授が「日本の土木技術」として世界の地盤工学者へ発表する栄誉を得ました。国際会議の会場である帝国ホテルからほど近い神田の東京堂書店ビル工事で、実施中の切り張りプレロード工法と自動挿入式傾斜計による山留安全管理装置を使っている現場見学会も行われ、世界中の地盤工学者が注目してくれました。

図４はそのときの会場スナップで、上から仮想支点法の原理となる

図３　自動挿入式傾斜計で安全管理を採用した最初の工事のNECビル

切り張りプレロード工法、挿入式傾斜計による山留計装安全管理装置、切り張りプレロード工法の施工状況で、壇上の国際土質工学会議のマーク下で説明しているのが会長の福岡教授です。もちろん英語でのスピーチです。

その要点は、山留壁にかかる土圧は掘削方法によって山留壁の移動量が違ってきますが、この移動量が変わることによって土圧分布が変わってくるので、厳密にいうと設計法も変わらないといけません。しかし、設計法は施工前に決めるものであり、設計で決められた断面強度を

1977年7月国際土質工学会議会場でのオープニングセッション「日本の技術」で紹介された著者開発の3技術。上より「仮想支点法」「傾斜計による山留安全管理法」「切り張りプレロード工法」。国際土質工学会会長福岡正巳東大教授による解説。(東京帝国ホテルにて)

図４　国際土質工学会議で紹介された著者開発技術

持つ山留壁や切り張りが準備されます。例えば長方形の敷地では、切り張りの長さが長辺は長く、短辺は短い。長い切り張りは同じ圧力でも短いものに比べて縮む量が大きいことになります。これは長い切り張りが受け持つ山留壁にかかる土圧のほうが弾性圧縮量は大きくなるので変形量が大きくなり、土圧は小さくなります。しかし、その減少した土圧分は、まだ掘削されていない根切り底以深に移動するだけで、最終的には硬い地盤まで掘削するときにその減少分が付加されてくることがわからないので、失敗し大事故となります。東海ビル現場の山留崩壊事故はその典型例です。

これら筆者提案の山留設計法・切り張りプレロード工法・自動挿入式安全管理装置の組み合わせで、安価で安全にしかも工期どおりの施工が可能となり、建築関連工事での山留掘削工事からの事故は絶滅しました。

土木工事でも同じで、土木の場合当時のＪＲ、地下鉄、地方自治体、道路公団などがそれぞれの設計指針を持っており、これによって設計施工されていますが、知る限りほとんどの企業体で切り張りプレロード工法は標準施工法に採用されています。このことから、現在は掘削による地盤沈下の問題は発生することなく、山留崩壊事故は絶滅され、地下五〇メートルを超える六本木の地下鉄の駅などの工事でさえ、周辺地盤の沈下などの影響は出ておりません。

この実績が紫綬褒章受章理由です。

博士号取得

博士論文にも触れておく必要があります。技術研究所での研究員としての必須条件は、博士号の取得です。早稲田大学入学当時の担任教授は、アメリカのテルツアーギ、ペック、チェボタリオフ博士などの提案する土圧分布を日本で最初に紹介し、建築学会基準に採用した人です。アメリカのＭＩＴ大学の教授で、世界地震工学会の日本側の事務局長をしていた教授です。日本語より英語のほうが達者な方でした。私は、そこへ修士課程の大学院生として初めて入り、山留の研究を担当することになりました。

わが研究室には、修士課程や博士課程の大学院生は誰もおらず、教授も地震工学会での仕事が中心で、ほとんど学校に来ません。ほかの研究室は、大学院生やら学部の学生で賑わっていてもわが研究室は誰もいないし、ほとんどカギがかかっていました。止むなく隣近所の研究室に顔を出したり、土質実験室で土質試験の手伝いをしたりして、時々は土木の教授のゼミに参加させてもらって勉強しました。そんなことで、僅か二年の内に修士論文をまとめなければ卒業できないのに、どうしてよいのやらわかりません。担当教授に相談したら、自分の発明した特許である筒形杭の支持力機構の研究をしなさいとのことです。しかし、その杭はほとんど使われることもなく、アイディだけの特許であり意味がありません。先輩もおらず後輩もおらず、実験するにしても施設も測定器具もない費用もない中での研究です。

当時アルバイトで新宿駅の増築工事での根切り工事の監督手伝いをやっていたこともあって、

山留設計法には興味がありました。当時の山留工事は、木製の尺角と呼ばれる三三×三三センチメートルの角材を切り張り材として使っており、掘削工事はスコップと「ワイヤーもっこ」で根切り工事は行われていました。ダンプカーなどもなく、いわゆるヒラボデトラックで土捨て場まで運び、スコップで捨てるという根切り工事が行われておりました。山留設計計算書などない時代でした。その現場の大工に〇・九×一・八×一・〇メートル（深さ）の実験土槽を造らせ、すでに現場に出ている同級生から粘土をもらい、その粘土に水を入れてグチャグチャに練って軟らかくして、実験土槽に入れました。その中に金網入りのモルタルでできた山留壁を挿入し、片側を掘削除去しながら山留壁や切り張りにかかる応力や変形を測定しようと計画をしました。大量の粘土をグチャグチャにするのも楽ではないし、しかも均一にして、柔らかすぎると硬くするのは難しいので、少しずつ水を加えて全体に硬いマヨネーズ状態の硬さにするのです。

しかし、応力や変形を計りたくとも測定器や測定方法も手探り状態。測定装置を貸してもらい、測定方法など教えてもらって何とか掘削時の山留架構の挙動らしいものを測定し、その挙動を解析してまとめ上げました。その挙動は、山留壁の下端をしっかり実験土層の下方に定着しておかないと移動して壊れてしまうので、あらかじめ掘り取られる粘土の下方に軸力を測定できるようなプラスチックの切り張りを入れて移動を阻止してから、粘土を投入し土層を造りました。これがいわゆる軟弱な粘土層の下にある硬い地層となり、東海ビルで破壊した土丹層と同じ役割になっていたものです。

しかし、このような模型実験などこれまでやったことがなく、手伝いの大学院生は理工学研究所の修士課程学生であり、それほど親身な指導はなく、測定法や計測器の使い方など基本的なことぐらいの指導は受けましたが、あとは自分で何とかする必要がありました。解析用のデータフォルマットなども自分で工夫して作り、悪戦苦闘の毎日でした。結局へばりついた粘土を実験箱から取り出すときに腰を痛めてしまい、五〇年経ってもいまだにぎっくり腰を連れています。

そこになんと女神が現れました。大学の同期ですでにソニーに勤めている電気通信学科卒業の女性技術者から連絡が入り、測定器の取り扱いやらデータ整理解析などの作業を会社を休んでまで、まさに献身的に頑張ってくれました。そのおかげで山留架構の土圧の支持機構の修士論文として仕上げることができました。彼女は家内。

この修士論文である山留架構の掘削による挙動の研究がもとになり、鹿島入社後直ちに技術研究所に配属となりました。配属後も根切山留問題の研究者として研究を続けました。その結果「仮想支点法」「切り張りプレロード工法」「挿入式傾斜計での安全管理法」のいわば plan・do・see・check・actions のサイクルを完成させ、これを研究者としての必修条件である博士号取得のために博士論文としてまとめようとして、まずは担当教授へ相談しました。しかし、担当教授は専門外であるため内容的にはほとんど理解できないので文章の「てにをは」の修正程度、内容は助教授に見てもらいなさいとのご下命。

山留架構の土圧支持機構問題はその助教授の専門分野ですが、彼は事故を起こした東海ビルに採用されていた設計法や、施工法あるいは、安全管理法の提案者で学会のリーダーです。これに真逆の拙論とは水と油であり、まったく相いれないもので、提出した論文もチェックされず無視されてレスポンス無しなどのいじめを受けました。

勤務先の研究所ではラインから外され、仕事がなく終日ぶらぶらしていたときに、音楽仲間であり技術研究所の元所長から博士論文を書くようにとのアドバイスをいただきました。彼は研究所の所長を辞めて、一時東北大学の教授へ転出していたこともあり、これまでの経緯を話して東北大学への論文提出で審査されることになりました。しかし、東北大学での担当教授は、なんと早大理工学研究所での助教授（この当時は教授）の一門で振動問題を中心に研究していた教授です。私より三歳若く、しかも山留の専門家ではなく振動の専門家でした。しかし、東北大学には建築学会の山留分科会の会長の教授や音楽仲間の土木系の教授など、山留に詳しく自分の山留研究を理解してくれている先生がいたので、彼らからアドバイスをいただきながら担当教授と議論を続けました。

担当教授からはしっかり細かい指導を受けました。博士論文としてはすでにでき上がっており、そのころはパソコンが使えるようになっていたので修正は簡単でしたが、仮想支点法や傾斜計による測定管理法への風当たりは根強く、論文になかなかＯＫが出ません。三年ほど経ち、もうあきらめようかと思っていたころ、会社では研究所から本社の特許センターに転出しました。すると突然連絡が入り、論文審査のＯＫが出て、一九九六年三月一五日めでたく工学（東北大学）の学位を西沢潤一学長より授与されました。時すでに遅く研究職を卒業してやっといただきました。

振り返れば弱冠二〇歳のとき学生アルバイトでの手掘り根切り現場経験に始まり、二二歳大学院修士課程の研究で実験土槽に粘土を入れてモルタル山留壁の応力と変形分布を測定し、山留架構の土圧支持機構究明の修士論文を作成しました。大手ゼネコンに就職後、実際の根切り現場でその妥当性を確認することができました。三〇歳のときには、この山留架構の掘削による挙動を新しい山留設計法として取りまとめ提案しました。その後、これを使って現場実験を繰り返し施工法と安全管理法を組み合わせ、ブラッシュアップすることで根切り工事からの事故を絶滅させることができました。音楽仲間の助けがあってこれらを取りまとめた博士論文を出身母校ではない東北大学から五十六歳で授与され、六〇歳の定年を迎え、紫綬褒章を受章し、この研究は終了しました。

かなり古い話になりましたが、現役時代を回顧して！

生業としての土質基礎の研究は、実質五〇歳の科学技術庁長官賞をいただいた時点で終わってしまいました。以降、現役の研究職を離れ、名前ばかりの管理職となり、部下も研究予算ももぎ取られ、五五歳では本社特許センターへ転籍となりました。しかし、根切り山留工事からの事故の絶滅というテーマは、個人的なつながりで、他社も含め直接工事現場や協力業者との連絡で着々とブラッシュアップされて、建築基準法、JRほか土木系示方書などの法律に採用され、世界中の根切山留工事からの事故の絶滅に貢献することができました。定年を迎える六〇歳になってこの実績が認められ、主管官庁である建設省ではなく科学技術庁からの推薦を受けて紫綬褒章を受章しました。この技術の開発から普及までの経緯についての回顧として第7話にまとめております。

圧密沈下や液状化現象発生の本当の主因と解決策、断層と基礎地盤や地震発生メカニズムの問題など、法律や学会基準などの定説に対する疑問に対して未解決のまま現役を退いて、後輩の研究成果に期待していましたが、応えてくれません。最近の研究テーマは、ほとんどが国家プロジェクト的な大きなテーマであり、大量の裏付けデータとスーパーコンピュータによる解析結果がそのまま標準化され、法律に採用されております。液状化問題しかり、地震発生メカニズム問題しかりです。このため、企業の研究所や個人的で独創性のある研究成果は、ほとんど採用されることはない時代となってしまった感があります。

ほとんどが、大量データとパソコン画面での研究であり、地盤関連の研究も想像もつかないような仮定を基礎的な条件として入力して、スーパーコンピュータでビジュアルに衒学的な表現で解析することで出される結論には、非現実的だと感じながらも老人研究者にはグーの音も出ません。まして素人の一般庶民には、ご無理ごもっともと受け入れざるを得ません。これが三〇年間も何一つ当たらない地震予測マップであり、検討地域にさえ入っていない未曽有の大震災マグニチュード九・〇の東日本大地震であり、発生確率〇～六％で地震安全地帯での熊本地震です。液状化のハザードマップも自慢できるものではありません。

南海トラフ地震ではこの三〇年間で八七％の確率で巨大地震が発生するといわれ続け、多摩《たま》川の流れが関東ローム層の台地を削ってできた崖地であるのに、三〇年で〇・二％、一〇〇年で二〇％の確率で震度七の大地震を起こすので対策を立てるようにと、約一兆円もの税金を使って脅し続けている立川《たちかわ》断層研究もしかりです。さらに、最近になって「長周期パルス」の発生によって免震構造や制震構造で建設された超高層マンションなどでも倒壊の危険性があるなどと住民に脅しをかけております（この細かい数字がなんとも衒学的）。

しかし、最終的な国家プロジェクト研究の結論では、立川断層が動いて阪神淡路大震災の三倍の地震が起きるとのことです。大きな間違いであり、あらぬ方向の結論となってしまっても、若い技術者は間違いに気が付くことはないようです。もちろん一般の素人は、そのまま受け入れざるを得ません。

その大量データでも、その個々のデータを読んでみると、かなりの問題含みのまま入力値として使っているようです。例えば、長さ三〇キロ、深さ一〇キロの巨大な一枚岩が、二枚に引っ張られ割れることで、阪神淡路大震災の三倍もの大震災となるという仮定で立川断層地震が起きると言い続けています。そんな大きな岩が青梅《おうめ》市岩蔵温泉から多摩市まで続いているはずはないと思います。しかも、一瞬で引っ張られて割れるような硬い岩石でないと、直下型の正断層地震にはなりません。どうすれば引っ張られて割れるような力が作用するのでしょうか？また、常識的に考えてもそんな硬い大岩など埋まっているはずもありません。さらに、大地震の後には必ず「余震が来るので注意を怠りなく」と続きますが、大岩が一瞬で引っ張られて割られた後、さらにどのようにして二度三度あるいは数千回も大岩が割れて余震が起きるのでしょうか？　このような仮定で震災計算がなされているのです。その計算結果を信じられますか？

四〇〇〇年もの歴史ある熊本城を壊滅的に破壊し、四〇〇〇回を超える余震が続いている熊本地震は布田川《ふたがわ》断層・日奈久《ひなぐ》活断層が引き裂かれることで発生した地震であるとのご託宣です。「長周期パルスの発生でビルもマンションも倒壊する危険性があります」。「あなたの家は活断層の上にあるので危険だから家を捨てなさい」などのアドバイスなど無責任ではないでしょうか？

二〇一七年一〇月三日にはどのような改ざんがあったのかわかりませんが、益城《まし き》町での震度七のデータが大阪大学と京都大学准教授の地震学者によって改ざんされ五Gという大加速度を観測したとNHK TVで放映されていました(二〇一七年四月一五日)。拙文にもこれを引用してその恐ろしさを表現しておりました。しかし、改ざんデータであるとのことで削除しましたが、一般庶民にはTVや新聞やインターネットでの情報だけが頼りです。何のための改ざんなのか全部消えてしまっておりわかりませんが、税金での巨額な研究費を使っているので、大きな影響を与えるような結論でないといけないとでも考えたのでしょうか? いよいよ地震学の信頼性がなくなりました。

四〇年ほど前までは海溝型の関東大震災は六〇年周期説とやらで、明日にでも起きて不思議ではないといわれ続けていましたが、そろそろ一〇〇年を迎えても何事も起こらないし、発生確率は三〇年で〇～一%と、ほぼ安全地域となっています。しかし、同じ政府地震調査会での発表では、東京湾の北部で発生する首都圏直下型は、マグニチュード七クラスの大地震が三〇年間で七〇%の高確率で予測されています。首都圏直下と海溝型関東大震災とは別物でしょうか? 住民には海溝型も直下型も区別できない同じ地震ではないでしょうか。

火山噴火も同じです。四年前の木曽の御嶽《おんたけ》山も二〇一八年一月二三日の草津白根《くさつしらね》山も同じ水蒸気噴火であり、まったく噴火の予知はできない、とのことです。山体の地下水がマグマで熱せられ水蒸気となって爆発したのであれば、予知できないはずはありません。六〇名近い若者の命を失うことはなかったのではないでしょうか。噴火の真因も地震と同じでマグマ内に溶存している熱解離ガス、すなわち水素の爆発ではないでしょうか？

奥多摩では、多摩川の流れが硬いチャートや石灰岩の中をクランクの連続で流れ下るのを見て、不思議とは思わないのでしょうか？　パソコンやゲームができないので負け惜しみのように聞こえますが、いくら8Kで立体的なものでも、メガデータでのスーパーコンピュータでの立体画像でも、映像からは崖の成因が断層の持ち上がりなのか、河川の洗堀でできたのかの区別はできません。やはり最後は自分の眼《まなこ》です。これを正しく育てるには健康的で家庭平和にもつながる無手勝流でのスケッチがよろしいと思います。

地球温暖化の影響も地盤災害発生の危険性も増大しているようです。最近は、頻繁に時間一〇〇ミリを超える集中豪雨が日本列島のあちらこちらで発生しています。以前は九州が多く北海道はほとんどなかったのですが、最近は北海道でも崖崩れやら洪水が発生しています。これまでこのような地盤災害を受けたことがないのでその対策も非常に貧弱であり、被害が直接的なものになっているので対策を急ぐ必要が出てきました。

広島土砂災害など裏山がクラッキーな花崗岩の場合には、集中豪雨の水圧が麓の住宅地では大きな圧力を持った伏流水となって地中から吹き上げ液状化を起こしているのに、土砂ダムをたくさん作って直接的な土砂災害を防ぐ対策をとっているようです。しかし、土砂ダムの建設は、土石流の食い止めには有効ですが伏流水の水圧を上げる効果も同時に持っています。すなわち住宅地の液状化の危険性を増大させることになりますが、その基本的な原因を調べもしないで土砂ダムの建設を完成させています。これは、その前の呉市の土石流災害発生の原因も精査していないので、教訓が生きてこないのです。今後、中国地方ではもっと激しい広島型の土砂災害が再発することが懸念されます。

関東大震災も新潟地震も阪神淡路大震災も、地震後の火災が多くの人命を奪っています。木造家屋が集中する沖積地盤や臨海工業地帯の埋め立て地盤での火災です。すなわち、液状化発生地盤です。液状化が発生し地下水中の溶存ガス、すなわち可燃性のメタンガスが地震動で分離して地表面近くに漂っており、これが大火に延焼したことが真因であるはずです。倒壊家屋からの人命救助や無電柱化都市再開発計画に際しては、この点も留意する必要があります。

老人の悪い癖で、若者の言動をそのまま受け取ることができない。「老兵は消え去るのみ」「老いては子に従え」とは、よく知っているし、できるだけそうしようと心掛けてはいますが、最後に一言だけ言い残しておきたい。

今の若い地学地震学の研究者は、肉眼的観察力を鍛えて地盤災害のない社会を作り上げてもらいたい！

謝辞

出版に当たっては多くの方々に御協力をいただき御指導を賜りました。

特に（株）鹿島出版会の坪内文生社長・橋口聖一重役には題名・全体構成から始まり個々の内容表現など、とかく思い込みの強いテーマでしたが、ソフトに分かりやすく読みやすく改訂いただき、誠に感謝致しております。

MEMO

●著者略歴

野尻明美（のじり　あけみ）（一九三九年三月生れ）　日野市在住　e-mail keiko.san@nifty.com

[学歴・職歴]

一九六一年　早稲田大学 第一理工学部 建築学科卒業
一九六三年　早稲田大学 理工学研究科 建設構造学科修了
一九九六年　東北大学 博士（工学）
一九六三年　鹿島建設㈱ 技術研究所 土質基礎部
一九九〇年　アルテス㈱ 取締役
一九九五年　鹿島建設㈱ 知的財産部長
一九九九年　㈱八千代エンジニアリング　顧問
二〇〇四年　㈱東建ジオテック　顧問
二〇一二年　同 退職
よみうりカルチャーセンター スケッチ教室講師　二〇〇九年～二〇一五年
青梅市社会教育課 スケッチ教室講師　二〇一三年～二〇一五年

[表彰]

発明奨励賞（一九九六年度）関東地方発明賞
科学技術庁長官賞（一九七九年度）科学技術功労者
市村賞（一九八九年度）産業の部　貢献賞
紫綬褒章（一九九九年春）地盤掘削時の山留崩壊防止技術の開発

[出版]

『建築基礎構造設計指針・同解説』（一九七四年五月）、『山留設計施工指針』（一九七四年五月、一九八八年五月）、
『建築工事標準仕様書・同解説』（一九八八年五月）以上日本建築学会
『建設工事公衆災害防止要綱』（一九九三年一月　建設省）、他土木系の示方書多数
『土質工学ハンドブック』、『建築工事工法辞典』、ほか多数
『水彩スケッチと10の活用術』日貿出版社
「淡彩スケッチで表現する多摩川流域の地形地質遺産の特徴とその発表方法」とうきゅう環境財団
Webサイト、美しいたまがわフォーラムオフィシャルサイト（http://www.tama-river.jp/）
淡彩スケッチブログ（http://blogs.yahoo.co.jp/murasaki11haru）
とうきゅう環境財団誌「多摩川」連載四年「たまがわスケッチ散歩」、同財団誌表紙連載中
立国カントリークラブ会報メンバーズギャラリーほか多数

地盤災害《じばんさいがい》の真因《しんいん》

二〇一八年四月二〇日　第一刷発行

著　者　野尻明美《のじりあけみ》
発行者　定年後自由研究会
発売所　鹿島出版会
〒一〇四-〇〇二八　東京都中央区八重洲二丁目五番一四号
電話〇三（六二〇二）五二〇〇　振替　〇〇一六〇-二-一八〇八八三

装幀　石原 亮　DTP　ユニエース　印刷・製本　壮光舎印刷

ISBN978-4-306-08562-6　C0040　Printed in Japan

本書の内容に関するご意見・ご感想は左記までお寄せください。
URL　http://www.kajima-publishing.co.jp
E-mail　info@kajima-publishing.co.jp